煤与甲烷共采学导论

李树刚　林海飞　编著

科学出版社

北京

内 容 简 介

本书共分八章,主要是回顾国内外涉及"煤与甲烷共采"核心内容的研究现状,研究采场覆岩裂隙演化与卸压瓦斯储运的关系,提出采动裂隙椭抛带的工程简化模型,寻找出采场内瓦斯富集区,并对部分矿井进行实例分析,初步构建出实现"煤与甲烷共采"的基本体系。

本书可供安全工程、采矿工程、地质工程、煤层气开发工程等专业的研究学者阅读,也可作为煤矿企业从事煤矿安全生产的技术和管理人员的参考用书。

图书在版编目(CIP)数据

煤与甲烷共采学导论/李树刚,林海飞编著.—北京:科学出版社,2014.12

ISBN 978-7-03-042782-3

Ⅰ.①煤… Ⅱ.①李… ②林… Ⅲ.①瓦斯煤层采煤法 Ⅳ.①TD823.82

中国版本图书馆 CIP 数据核字(2014)第 294723 号

责任编辑:李 雪 / 责任校对:郭瑞芝
责任印制:张 倩 / 封面设计:陈 敬

科 学 出 版 社 出版
北京东黄城根北街 16 号
邮政编码:100717
http://www.sciencep.com

保定市中画美凯印刷有限公司 印刷
科学出版社发行 各地新华书店经销
*
2014 年 12 月第 一 版 开本:720×1000 1/16
2014 年 12 月第一次印刷 印张:13 1/4
字数:267 000
定价:**88.00 元**
(如有印装质量问题,我社负责调换)

序

甲烷在煤矿通常称瓦斯,地质学上称为煤层气,是与煤伴生的产物,实施煤与甲烷共采是煤矿绿色开采的主要内容,可以有效防治瓦斯灾害,同时甲烷可作为清洁能源加以利用,减少环境污染,并为社会提供更多的就业机会,从而达到矿井安全生产、环境保护和新能源供应等多重效应,获得显著的经济和社会效益。我国大部分矿区煤层透气性较低,预抽煤层瓦斯效果较差。研究表明,煤层开采和覆岩变形破坏后,煤岩体中的瓦斯便会大量解吸、运移。煤与甲烷共采学是涉及采动岩体力学、岩层控制与关键层理论、多孔介质流体动力学、渗流力学等诸多学科的交叉学科,主要是基于煤岩瓦斯吸附、解吸及渗透特性,研究采动过程中覆岩移动特征与裂隙演化以及煤层瓦斯运移聚积规律,进而布置科学的瓦斯抽采系统。

李树刚教授 20 世纪 90 年代中期在我处攻读博士学位期间,即致力于煤与甲烷共采方面的开创性研究,系统地研究了煤层开采后围岩活动影响下的瓦斯运移规律及控制,创造性地提出了采动裂隙椭抛带的概念。随后他和他的团队继续在此方面进行了深入研究,该书的正式出版表明了目前研究取得了阶段性成果。我阅读了《煤与甲烷共采学导论》这本书,作者从煤体孔隙结构特征入手,分析煤体吸附瓦斯特点及渗透特性,探讨采动影响下覆岩裂隙演化与卸压瓦斯渗流的宏观形态,提出采动裂隙椭抛带的工程简化模型,研究了采动裂隙演化的力学机理及主要影响因素,分析了不同瓦斯抽排模式条件下采动裂隙带瓦斯运移聚积特征,并通过部分矿区的现场工程实践,实现了煤与甲烷的安全共采。

该书较为系统地阐述了"煤与甲烷共采学"的关键科学问题、实现途径及研究方法,初步建立了"煤与甲烷共采学"理论与技术基本体系,是作者在自己创新构架基础上,参阅国内外大量的文献撰写而成,内容较为丰富,系统性较强,具有一定的学术深度。该书的出版可以进一步丰富我国煤矿绿色开采的内涵,并对促进该领域的发展具有重要意义,是煤炭行业科研、设计及现场工程技术人员值得参考的好书之一。我相信该书会引起同行们的广泛兴趣,并推动煤矿的绿色开采。我期待该书的早日出版,并乐意为之作序。

中国工程院院士

钱鸣高

2014 年 9 月

前　言

煤炭是我国的基础能源和重要原料,煤炭工业是关系国家经济命脉的重要基础产业,支撑着国民经济持续稳定发展。据统计,从 2001 年到 2013 年我国共产原煤 329.28 亿 t,在一次能源生产和消费结构中占比始终在 70% 左右。煤矿安全生产是我国安全生产的重中之重,随着安全生产监管力度的进一步加强、煤炭企业对安全生产的重视以及广大科技工作者的努力,全国煤矿事故起数和死亡人数大幅下降,煤矿安全生产形势也呈现出持续好转趋势。2013 年煤矿发生事故 604 起,死亡 1067 人,同比分别下降 22.5% 和 22.9%;百万吨死亡率 0.288,同比下降 23.0%。但与国外主要产煤国家相比,我国煤矿安全生产形势依然严峻,尤其是煤矿瓦斯事故,仍然是当前煤矿事故预防的重点。

矿井瓦斯是煤层演化和开采过程中的伴生产物,其主要成分是甲烷,主要以吸附状态储集在煤体表面及孔隙中。甲烷集利害于一身,一方面威胁矿井安全生产,另一方面又是清洁、高效资源,据统计我国在埋深 2000m 以浅甲烷地质资源量约 36.8 万亿 m^3,约占世界的 13%。实现煤与甲烷共采,对降低矿井瓦斯事故、减少大气污染、优化能源结构及发展国民经济具有积极作用。我国大部分矿区煤层甲烷赋存具有"三高三低"的特征,尤其是低渗透性使煤层甲烷预抽效果不甚理想,故目前仍以采动卸压甲烷抽采为主。实践经验表明,煤岩体中的甲烷在煤层开采和覆岩变形破坏后会大量的解吸、运移。因此,我国应着力于采动覆岩裂隙演化与煤层甲烷运移规律的研究与实践,高效抽采煤层甲烷,有效控制矿井瓦斯运移,这也是"煤与甲烷共采"的主要科学问题之一。

本书是第一作者及学术团队对此问题长期研究与实践的成果总结,核心是研究采场覆岩移动、采动裂隙时空演化过程与卸压瓦斯的运移聚集规律的关系,寻找出采场内瓦斯富集区,优化瓦斯抽采系统的布置参数,最终为提高卸压瓦斯抽采率,寻求施工简便、效果显著的煤与甲烷共采方法及工程技术体系提供一定依据。本书共分为 8 章,第 1 章主要阐述煤炭在我国及全球经济中的地位,煤矿瓦斯的双重性,煤与甲烷共采内涵、研究现状、研究内容与研究方法;第 2 章研究煤样的微观结构及其影响因素,煤体吸附甲烷特征,全应力应变过程中煤样的渗透特性及其主导影响因素;第 3 章通过物理相似材料模拟实验,研究采动裂隙时空演化与分布特征;第 4 章采用 FLAC^{3D} 数值模拟软件,分析煤层采动后随工作面推进应力分布规律,研究覆岩的卸压范围及形态;第 5 章分析煤层开采后所形成的采动裂隙带空间分布特征,研究采动裂隙带形成的形态、力学机理及主要影响因素;第 6 章建立采动裂隙场中卸压瓦斯运移的数学模型,运用 FLUENT 软件初步模拟探讨采动过程中涌出的瓦斯在裂隙带中的运移规律;第 7 章分析采动裂隙演化与卸压瓦斯动态储运关系,并通过部分矿井的现场工程实践实现"煤与甲烷共采";第 8 章总结本书的主要结论,并对今后在"煤与甲烷共采"方面需要深入研究的问题进行讨论。

　　全书由西安科技大学李树刚、林海飞编著,其中李树刚负责编写前言、第 1~3 章、第 8 章;林海飞负责编写第 4~7 章。钱鸣高院士在百忙中抽暇审阅了全书初稿,提出了许多宝贵意见,并热心为本书作序,在此致以崇高的敬意。本书编写过程中,常心坦教授、邓军教授、文虎教授、张天军、许满贵、成连华、潘红宇、李莉、肖鹏、刘超、徐刚、魏宗勇、杨守国等老师提出了许多宝贵的意见,博士研究生赵鹏翔、丁洋、李志梁等做了部分文字性的工作,同时现场观测期间,得到了兖州煤业股份有限公司和陕西陕煤彬长矿业有限公司有关领导及技术人员的大力支持,在此一并表示感谢。本书的出版得到了国家自然科学基金科学仪器基础研究专项(51327007)、国家自然科学基金项目(51174157、51104118、51174158)、新疆科技支撑计划(201333110)、陕西省青年科技新星项目(2014KJXX69)、陕西省教育厅专项科研项目(2013JK0865)资助和支持,同时得到科学出版社的大力支持,在此深表感谢。全书在编写过程中,参阅了国内外许多专家学者的论文、著作,在此向所有论著的作者表示由衷感谢。

　　"煤与甲烷共采学"是一个多学科的交叉领域,涉及采动岩体力学、岩层控制与关键层理论、多孔介质流体动力学、渗流力学等多种学科,作为一种探索,本书在现有的研究水平和条件基础上,综合前人的研究成果,对采动覆岩的裂隙分布特征、甲烷在其中的运移规律进行了有限度的探索性研究,初步建立了"煤与甲烷共采学"的基本体系。尽管作者尽了最大努力,但由于"煤与甲烷共采学"的系统性、综合性、交叉性较强,其理论和实践要求较高,许多问题尚处于探索之中,加之作者学术水平及经验等方面的限制,书中难免存在不妥之处,恳请各位读者批评指正。

作　者

2014 年 8 月

目　　录

第1章 绪 论

1.1 煤炭的地位和作用

1.1.1 煤炭行业在全球经济中的地位

近年来,全球经济增长有所放缓,但能源消费仍有所增加[1](图 1.1)。2012年,全球一次能源消费增长 1.8%,低于过去十年的平均水平,但由于石油价格较高,各国都在调整能源使用结构,降低石油消费比例,煤炭比例仍然较高。根据《BP 世界能源统计 2013》的数据[1],2012 年煤炭消费增长 2.5%(图 1.2),远低于过去十年 4.4% 的平均水平,但其仍是消费增速最快的化石燃料。在中国煤炭消费增长 6.1% 的带动下,全球煤炭产量仍呈逐年递增趋势,2012 年全球煤炭生产总量达到 3845.3 百万吨油当量(图 1.3)。

煤炭是世界上储量最多、分布最广的常规能源,未来煤炭能源消费需求仍将保持增长的态势。据预计,尽管目前许多国家都在大力开发风能和生物燃料等替代能源,但在未来 20 年里,全球仍不可能摆脱对化石能源的依赖,而由于世界范围内原油和天然气比煤炭更为稀缺,因此世界能源消费增长将更多地依赖煤炭。

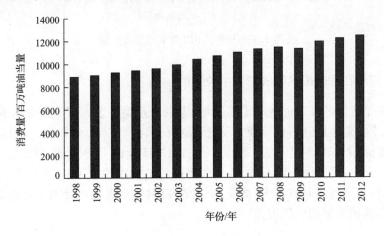

图 1.1 1998～2012 年全球一次能源消费量

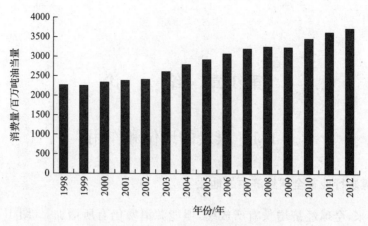

图 1.2　1998~2012 年全球煤炭消费量

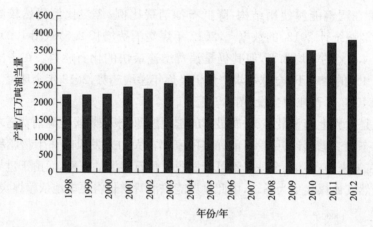

图 1.3　1998~2012 年全球煤炭产量

1.1.2　煤炭在我国国民经济发展中的作用

煤炭是我国的基础能源和重要原料,煤炭工业是关系国家经济命脉的重要基础产业,支撑着国民经济持续稳定发展。据统计,截至 2010 年年底,全国煤炭保有查明资源储量 13412 亿 t,从 2001 年到 2013 年我国共产原煤 329.28 亿 t(图1.4)。近年来,尽管国内对石油、天然气等能源的需求快速增长,对煤炭的需求有所下降,但由于我国具有富煤、贫油、少气的资源特点,煤炭在我国一次能源消费中的比例与其他国家相比仍很大(表 1.1)。

表 1.1　2012 年我国与其他国家煤炭占一次能源消费结构比例对比[1]　　(单位:%)

中国	美国	俄罗斯	南非	澳大利亚	印度
68.9	19.8	13.5	72.5	39.2	52.9

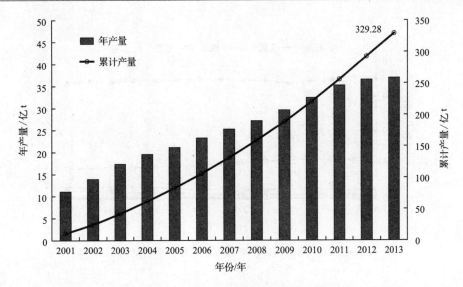

图 1.4 2001~2013 年我国煤炭产量

近年来,随着经济的发展,我国煤炭的生产量与消费量节节攀升,目前我国已经成为世界上最大的煤炭生产国和消费国。煤炭广泛应用于钢铁、电力、化工等工业生产及居民生活领域。根据《BP 世界能源统计 2013》统计[1],2012 年世界一次能源消费构成中,煤炭占 29.9%,石油占 33.1%,天然气占 23.9%,核电、水电等共占 13.1%(图 1.5)。反观我国的一次能源消费构成,煤炭占 68.9%,石油占 17.7%,天然气占 4.7%,核电、水电等占 8.7%,相比之下,石油、天然气在我国能源消费中所占比例较低(图 1.6)。国家《能源中长期发展规划纲要(2004—2020年)》中已经确定,中国将"坚持以煤炭为主体、电力为中心、油气和新能源全面发展的能源战略"。显然,在相当长的时期内,煤炭作为我国的主导能源仍不可替代。

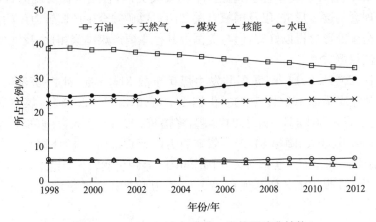

图 1.5 1998~2012 年全球一次能源消费结构

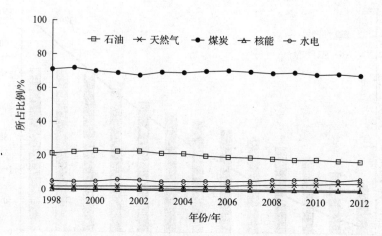

图1.6　1998～2012年我国一次能源消费结构

1.2　煤矿瓦斯的双重性

矿井瓦斯是煤层演化及开采过程中的伴生产物,其主要成分是甲烷,在地质学上又称其为煤层气,主要以吸附状态储集在煤体表面及孔隙中。甲烷集利害于一身,一方面威胁矿井安全生产,另一方面又是清洁、高效资源。

1.2.1　煤矿瓦斯的灾害性

1. 瓦斯是影响我国煤矿生产的"第一杀手"

1) 我国煤矿安全基本形势

近年来,随着煤矿安全各项关键技术的攻关突破,各项法律法规的日趋完善,科学安全理念的逐步形成,以及国家有关部门对煤矿安全生产监管力度的加大,我国煤矿安全生产形势得以好转,但与美国等其他主要产煤国家相比,我国煤矿安全生产形势依然严峻。

据统计,2001～2013年,我国共发生煤矿事故31439起,死亡52300人,平均百万吨煤死亡率为2.103(图1.7)。由图1.7可知,2001～2013年,煤矿事故起数由3082起下降到604起,下降了2478起,降幅80.4%;死亡人数由5670人下降到1067人,下降4603人,降幅81.2%;煤矿百万吨死亡率由5.13下降到0.29,下降4.84,降幅94.4%。而与美国等发达国家相比,差距仍然较大,比如在2001～2011年美国共生产原煤101.3亿t,死亡279人,百万吨煤死亡率平均0.026(图1.8～图1.10)。

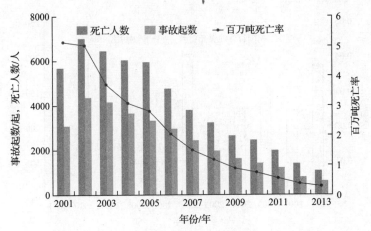

图 1.7 2001~2013 年我国煤矿基本形势

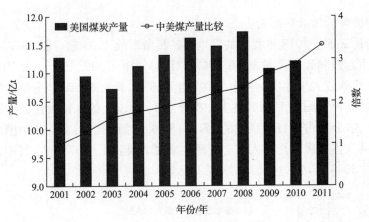

图 1.8 2001~2011 年中美煤炭产量对比

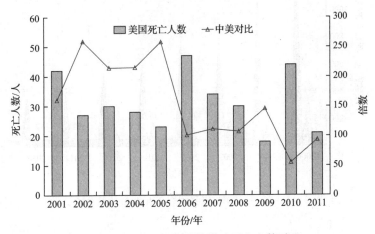

图 1.9 2001~2011 年中美煤矿死亡人数对比

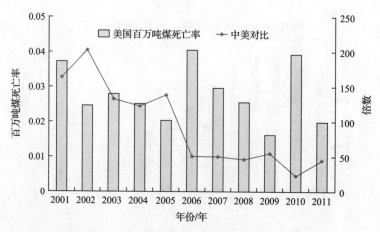

图 1.10　2001～2011 年中美百万吨煤死亡率对比

2）我国煤矿瓦斯事故现状

据统计，2006～2013 年我国共发生煤矿瓦斯事故 1333 起，死亡 5790 人，占煤矿事故发生起数和死亡人数的 10.3％和 27.3％（图 1.11）。"十一五"期间，一次死亡 3～9 人的较大事故中瓦斯事故共发生 390 起，死亡 1866 人，分别占较大事故的 52％和 54.7％（图 1.12）；共发生一次死亡 10 人以上的重特大瓦斯事故 86 起，死亡 1860 人，分别占重特大事故的 57.7％和 60.9％（图 1.13）。新中国成立以来全国煤矿共发生一次死亡百人以上的恶性事故 24 起、死亡 3782 人，其中瓦斯事故 22 起、死亡 3548 人，分别占 91.7％和 93.8％[2]。

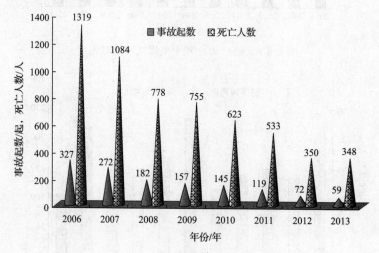

图 1.11　2006～2013 年我国煤矿瓦斯事故及死亡人数

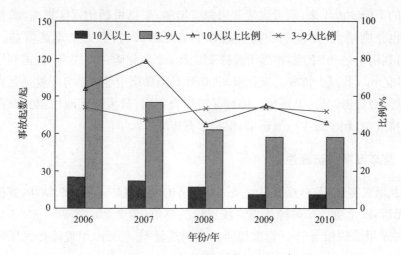

图 1.12　"十一五"期间瓦斯事故起数及所占比例

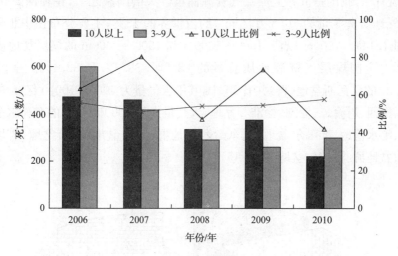

图 1.13　"十一五"期间瓦斯事故死亡人数及所占比例

　　因此,瓦斯事故的危害性最大,不仅发生概率较高,而且事故后果严重,预防瓦斯事故仍将是我国煤矿相当长时期内的重要工作。

2. 煤矿瓦斯造成严重的大气污染

　　煤矿瓦斯(主要成分是甲烷)是造成温室效应、臭氧层破坏等大气环境污染之源,其引起的温室效应是同质量二氧化碳的 21 倍,对大气臭氧层的破坏能力是二氧化碳的 7 倍。近年来,随着煤炭开采深度增加,采掘机械化程度提高,矿井瓦斯排放量也急剧增大,相应的在排放过程中消耗的人力、财力也迅速增加。据计算[2],每利用 1 亿 m^3 甲烷,相当于减排 150 万 t 二氧化碳。2013 年,我国利用煤矿瓦斯 66 亿 m^3,共减少排放二氧化碳 9900 万 t,但煤层中绝大部分甲烷还是直接排空了,既浪费资源,又污染环境。搞好瓦斯综合利用,最大限度地控制瓦斯直接向大气中排放,有利于减少空气污染,保护生态环境[3]。

1.2.2　煤矿瓦斯的资源性

与瓦斯灾害性相对,煤层甲烷是一种经济的可燃气体,是高热、洁净、方便的能源,具无污染、无油污等多种优点。按甲烷的热值(为 $3.35\sim3.77\times10^5$ J/m^3)计算,1000 m^3 甲烷约相当于 1t 标准煤所产生的热量[4]。另外,甲烷除作民用燃料之外,还可作为化工原料生产氨气和化肥等。

据统计[5],我国是世界上煤层气资源储量巨大的国家之一,在埋深 2000m 以浅煤层气地质资源量约 36.8 万亿 m^3,约占世界的 13%,主要分布在华北和西北地区(图 1.14)。1000m 以浅、1000~1500m 和 1500~2000m 的煤层气地质资源量,分别占全国煤层气资源地质总量的 38.8%、28.8% 和 32.4%。全国大于 5000 亿 m^3 的含瓦斯盆地(群)共有 14 个,其中含气量为 5000~10000 亿 m^3 的有川南黔北、豫西、川渝、三塘湖、徐淮等盆地,含气量大于 10000 亿 m^3 的有鄂尔多斯盆地东缘、沁水盆地、准噶尔盆地、滇东黔西盆地群、二连盆地、吐哈盆地、塔里木盆地、天山盆地群、海拉尔盆地(图 1.15)。

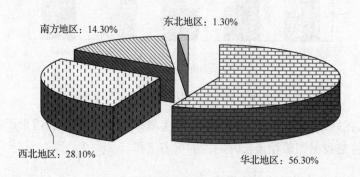

图 1.14　煤层气资源分布范围

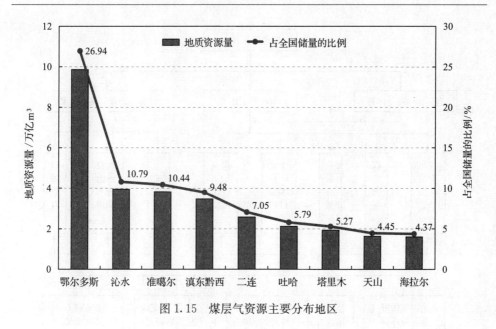

图 1.15 煤层气资源主要分布地区

1.3 煤与甲烷共采理念的提出

1.3.1 煤矿绿色开采理念

煤矿区在开发建设之前周围环境是协调一致的,而进行开发建设后,人为活动便使环境发生巨大的变化,由此形成了矿区独特的生态环境问题。针对该问题,钱鸣高院士、许家林、缪协兴等专家提出煤矿绿色开采理念[3,6~10]。煤矿绿色开采及相应技术在基本概念上是从广义资源的角度上来认识和对待煤、甲烷、水等一切可以利用的资源,基本出发点是防止或尽可能减轻开采煤炭对环境和其他资源的不良影响,目标是取得最佳的经济效益和社会效益。

开采引起环境与主要安全问题的发生都同开采后造成的岩层运动有关,因此,绿色开采的重大基础理论是煤层开采后岩层内的"节理裂隙场"分布及离层规律开采对岩层与地表移动的影响规律,甲烷、水等流体在裂隙岩体中的渗流规律,岩体应力场的分布规律及岩层控制技术(图 1.16)[3,6~10],其中煤与甲烷共采、保水开采等成为绿色开采的主要内容。

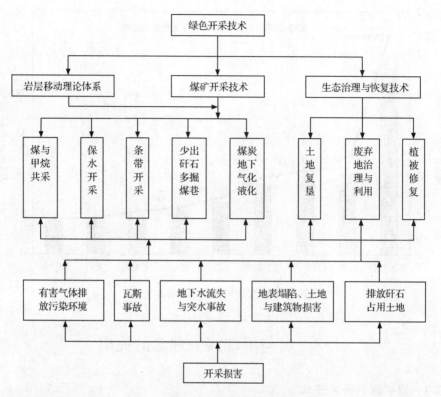

图 1.16　煤矿绿色开采技术体系[3,6~10]

1.3.2　煤与甲烷共采的概念

　　矿井瓦斯集利与害于一身,是煤矿特有的宝贵资源,如将瓦斯(甲烷)充分抽采利用,可以降低矿井瓦斯排放量、有效防治瓦斯灾害,保障煤炭的安全回采,并且可作为清洁能源加以利用,减少将其排放于大气所造成的环境污染。

　　因此,改变以往将瓦斯作为灾害性气体的观念,将其作为资源性气体,同时设计、施工,形成采煤和甲烷抽采两个相对独立而又相互依赖的一体化系统(即"煤与甲烷共采"系统),在煤炭开采过程中,将甲烷安全高效地抽采出来。"煤与甲烷共采"是我国煤炭和甲烷资源开发的一条主要途径,也是实现煤炭绿色开采的主要内容之一,可实现矿井安全生产、环境保护和新能源供应等多重效应,并获得显著的经济和社会效益[11~13]。

　　我国含煤地层一般都经历了成煤后的强烈构造运动,煤层内生裂隙系统遭到破坏,成为低透气性的高延性结构,使大部分矿区煤层甲烷赋存明显地存在着"三高三低"(三高——煤层高甲烷含量、高可塑性结构、高吸附甲烷能力,三低——煤层甲烷压力低、煤层在水力压裂等强化措施下形成的常规破裂裂隙所占比例低、煤层甲烷储层渗透率低)的特征[14,15]。尤其是 70% 以上煤层的渗透率小于 1×10^{-3} mD①,其透气性比美国和澳大利亚低 2～3 个数量级,煤层采前预抽效果与美国、澳大利亚等国家相比不理想。我国煤层的低渗透率特点,决定了地面抽采甲烷难度很大。虽然在个别高透气性煤层的矿区地面钻井抽采矿井瓦斯(沁水煤田)试验取得成功,但是我国 70% 以上矿区的煤层赋存在高地应力、高瓦斯、低透气性复杂地质条件下,先采气后采煤技术进展缓慢。据统计,2013 年我国瓦斯抽采量 156 亿 m^3,其中地面瓦斯抽采量 30 亿 m^3。同时,我国矿井瓦斯平均抽采率仅 40% 左右,而美国等主要产煤国家的抽采率均在 50% 以上。

鉴于此,除沁水煤田等少数矿区外,我国绝大多数矿区不宜采用国外发达国家瓦斯抽采模式(即以地面钻井等预抽技术为主,如 2010 年美国地面年产气 560 亿 m^3,井下抽采 30 亿 m^3;加拿大地面年产气 60 亿 m^3,井下抽采 2 亿 m^3;澳大利亚地面年产气 30 亿 m^3,井下抽采 6 亿 m^3),而应利用采动卸压影响进行抽采。

20 世纪 90 年代末,钱鸣高院士、周世宁院士、袁亮院士、谢和平院士、鲜学福院士、俞启香、缪协兴、程远平、林柏泉、许家林、赵阳升、梁冰、尹光志、李树刚等逐步认识到我国煤矿瓦斯抽采的重点应放在井下,利用采动影响来抽采卸压瓦斯[4,11~30]。之后袁亮院士等将该理念付诸实施,开发出"低透气性煤层群无煤柱煤与瓦斯共采关键技术"[19~26],钱鸣高院士评价说,这是我国第一个完整地在一个矿区实现煤与瓦斯共采、将瓦斯变害为宝的重大创新项目,使矿井开采向本质安全型迈进了一大步,取得了显著的经济和社会效益,开创了该类条件下国内外煤层安全高效开采先例。

1.4 煤与甲烷共采理论与技术研究现状

实现"煤与甲烷共采"主要是掌握煤层甲烷吸附、解吸、渗流规律;煤层开采过程中,上覆岩层裂隙演化规律及其中甲烷解吸运移规律,即采动裂隙时空演化与卸压甲烷的运移聚集的关系;煤层开采结束后,采动裂隙带的形态及其中甲烷储运规律。从而寻找出煤层及采场内甲烷富集区,并将抽采巷道或钻孔终孔布置于合理位置。

1.4.1 矿井采动覆岩移动及结构演化规律研究现状

为了减轻矿井采动覆岩运动对采矿工程及地面影响,国内外对采动覆岩结构运动演化与破坏规律进行了长期大量的研究,相继提出了多种理论,其中具有代表性的有压力拱理论、悬臂梁理论、预成裂隙梁理论、铰接岩块理论、砌体梁理论、传

---

① 1mD=0.986923×10^{-15} m^2。

递岩梁理论、薄岩板理论、关键层理论及采动覆岩裂隙分布"区带"论等。

1) 压力拱理论

该理论主要是由德国学者 Hack 和 Giuitzer 等于 1928 年提出,主要观点是:压力拱跨越整个工作面空间,前后拱脚分别坐落于煤壁前方未采动的煤体和采空区后部已冒实的矸石上,且压力拱随工作面推进而前移;压力拱切断了拱内外岩石的力学联系,承担了覆岩重量并将其传递至拱脚,从而形成支承压力;工作面支架仅承担拱内岩石重量。该理论较好地解释了工作面围岩支承压力的存在,说明了工作面支架上的压力远小于上覆岩层重量的原因。但未明确压力拱与岩层运动演化间的关系[31,32]。

2) 悬臂梁理论

1916 年德国学者 Stoke 提出了悬臂梁理论。该理论的主要观点是:顶板岩层是一种连续介质,垮落后可看作一端嵌固在煤壁前方的悬臂梁。当顶板由多层岩层组成时,就形成了组合悬梁,随工作面推进这些悬臂梁有规律的折断和垮落,导致工作面周期性来压。该理论较好地解释了工作面的周期来压现象,为岩梁理论发展起了奠基作用[31,32]。

3) 预成裂隙梁理论

该理论由比利时学者 Labasse 在 20 世纪 50 年代初提出,基本观点为:由于工作面前方支承压力作用使覆岩的连续性遭到破坏,顶板中产生了大量裂隙而成为非连续岩层,由于岩梁中的裂隙在支承压力作用下预先形成,故称为预成裂隙梁。该理论揭示了煤层及其顶板岩层超前支承压力作用下产生预生裂隙的机理,指明了破坏的原因,对梁类理论的进一步发展起了重大作用。其缺点为:一是不区分煤层赋存结构及开采条件,一律用预生裂隙梁理论来推断采动覆岩破坏情况;二是预生裂隙梁的范围无法界定;三是无法解释采动覆岩的周期来压规律;四是无法解释工作面矿压的定量计算问题[31,32]。

4) 铰接岩块理论

该理论于 1954 年由苏联学者 Г. Н. 库茨涅佐夫提出,基本观点为:工作面支架上的压力显现由已垮落的岩层和尚未垮落呈铰接状态的岩层运动所决定,已垮落岩层分为不规则和规则垮落带,在规则垮落带之上的岩层将形成裂隙带,裂隙带内的岩块在水平挤压力的作用下,互相咬合,在随工作面推进而沉降的运动过程中彼此牵制,形成三铰拱式铰接岩块平衡结构。该理论较深入地揭示了采动覆岩的垮落条件,提出了支架可能在给定载荷和给定变形两种状态下工作的概念,初步涉及岩层内部的力学关系及其可能形成的结构,一定程度上揭示了工作面支架围岩间的关系,为顶板控制设计提供了依据。但对铰接岩块间的力学平衡条件未作进一步探讨,未能确定出呈铰接状态的老顶岩梁的形成条件和具体范围,因而未能解决工作面顶板定量控制设计问题[31,32]。

5) 砌体梁理论

该理论是由我国钱鸣高院士于 20 世纪 70 年代提出的,基本观点为:采场上覆岩层的岩体结构主要由各个坚硬岩层构成,每组岩体结构中的软岩层可视为坚硬岩层上的载荷,随着工作面的推进,当老顶达到极限跨距时断裂,破断的岩块在下沉变形中互相挤压,产生强大的水平推力,岩块间摩擦咬合,形成外表似梁实质是拱的砌体梁或裂隙体梁三铰拱式平衡结构,该结构具有滑落失稳和回转变形失稳两种失稳形式,破断岩块能否形成拱式平衡结构,取决于砌体梁结构的滑落(slipping)稳定条件及回转(rotation)稳定条件,简称"S-R"稳定条件,并根据三铰拱的极限平衡原理推导出了砌体梁结构的"S-R"稳定条件[33],如式(1.1)和式(1.2)所示。

$$h + h_1 \leqslant \frac{\sigma_c}{30\rho g} \left(\tan\varphi + \frac{3}{4} \sin\theta_1 \right)^2 \tag{1.1}$$

$$h + h_1 \leqslant \frac{0.15\sigma_c}{30\rho g} \left(i^2 - \frac{3}{2} i \sin\theta_1 + \frac{1}{2} \sin^2\theta_1 \right) \tag{1.2}$$

式中,θ_1 为回转变形角,(°);h、h_1 为砌体梁及其载荷层厚度,m;σ_c 为岩体抗压强度,MPa;$\tan\varphi$ 为砌体梁中各岩块的摩擦系数;ρg 为岩层容重,kN/m³;i 为岩块块度、岩块厚度与断裂长度的比值。

之后,侯忠杰给出了较精确的老顶断裂岩块回转端角接触面尺寸,并分别按照滑落失稳和回转失稳计算出了类型判断曲线[34,35]。黄庆享、钱鸣高、石平五建立了浅埋煤层采场老顶周期来压的"短砌体梁"和"台阶岩梁"结构模型,分析了顶板结构的稳定性,揭示了工作面来压明显和顶板台阶下沉的机理是顶板结构滑落失稳,给出了维持顶板稳定的支护力计算公式[36]。

6) 传递岩梁理论

传递岩梁理论是我国科学院宋振骐院士 20 世纪 80 年代提出的[32],该理论的基本观点为:在工作面采动上覆岩层中,除靠近煤层的已垮落到采空区的直接顶外,直接顶上的老顶岩层断裂呈假塑性状态,一端由工作面前方煤体支承,另一端由采空区已垮落的矸石支承,在推进方向上形成不等高的可传递水平力的裂隙岩梁,简称"传递岩梁",提出"二块铰接岩块"形成老顶基本结构,分析了该结构的演化对工作面矿压显现的影响,并提出了"老顶结构"可以预测的思想。

7) 薄岩板理论

由于梁理论和压力拱理论均限于采场中部沿走向的平面问题,随着对矿山压力研究的深入,将老顶岩层视为板结构逐渐为人们所接受。原苏联学者 В. Д. 斯列萨列夫起了开创作用,他明确阐述了巷道顶板与板相类似,并提出用等效梁代替板的近似计算方法。随后 В. Г. 加列尔津、А. А. 鲍里索夫[37]、Beer 和 Meek 等对板进行了较深入的研究。

在我国采矿界先后有钱鸣高、朱德仁、贾喜荣、蒋金泉等视老顶岩层为板结构[38~40]，对其稳定性进行了研究。吴洪词将老顶视为弹性薄板[41]，采用薄板弯曲边界元法分别与弹性、弹塑性、黏弹性及黏塑性边界元法耦合。陈忠辉、谢和平等将长壁工作面采场顶板划分成若干个相互铰接的薄板[42]，建立了薄板组力学模型，从理论上解释了沿工作面方向顶板垮落及其来压特征。

8）关键层理论

该理论是在 20 世纪 90 年代由钱鸣高院士提出的，其主要观点是：在煤系岩层中，由于成岩时间和矿物成分等不同，形成厚度不等、强度不同的多层岩层，其中某些坚硬岩层在采动覆岩变形破坏和运动演化过程中起主要控制作用，它们破断前以连续梁力学结构支承上覆岩层，破断后以砌体梁力学结构支承上覆岩层，并以砌体梁力学结构演化运动影响采场矿压、岩层移动和地表沉陷，这类岩层称为关键层。当采动覆岩存在多层硬岩层时，根据各坚硬岩层的特征和对覆岩运动所起的作用，可分为主关键层和亚关键层，前者对采动覆岩运动起全部控制作用，后者起局部控制作用。

在关键层理论研究进程中，钱鸣高院士等[43~47]先后建立了关键层理论的框架及判别方法，深入分析了采动覆岩中关键层上部的载荷分布、关键层下部的支承压力分布和关键层破断规律等，进一步明确了关键层复合效应与复合关键层的概念，深入揭示了关键层在采动覆岩中的控制机理。侯忠杰[48]研究了浅埋煤层组合关键层理论，揭示了地表厚松散层浅埋煤层组合关键层自身不能形成三铰拱式平衡的机理，为组合关键层在浅埋煤层顶板控制中的应用提供了依据。

关键层理论的提出为研究采场尤其是采场矿压及其显现、岩层移动及地表沉陷、煤岩体中流体运移特征及控制打开了广阔的前景[49~61]。

9）采动覆岩裂隙分布"区带"论

对于覆岩采动裂隙动态分布规律的研究，国外的 Karmis、Hasenfus、Chekan、Bai、Yavuz 和 Palchik[62~67]等认为长壁开采覆岩存在三个不同的移动带。国内的刘天泉院士、钱鸣高院士等，提出"横三区"、"竖三带"的认识[31,68]，即采动覆岩直至地表的运动规律是一个动态发展的过程，沿工作面推进方向覆岩经历煤壁支撑影响区、离层区和重新压实区，由下向上岩层移动分为垮落带、断裂带和弯曲下沉带。高延法[69]从地表沉陷控制研究出发提出了岩移"四带"模型。姜福兴[70]提出了采动覆岩结构的系统模型和系列模型的概念，将煤层开采以后的上下覆岩层分为底板区、顶板区、裂隙区、缓沉区、表土区，各区间的模型参数相互影响。

近年来的研究表明，煤层开采后上覆岩层所形成的形态并非是传统意义上的"三带"特征，而是随工作面的推进，裂隙分布特征亦随之变化。钱鸣高院士、许家林基于关键层理论[51]，应用模型实验、图像分析、离散元模拟等方法，提出煤层采动后上覆岩层采动裂隙呈两阶段发展规律并形成"O"形圈分布特征。

林柏泉[71]等人通过研究了平煤新峰四矿"12160"回采工作面煤层开采过程中

上覆岩层裂隙变化规律,提出了采动裂隙带是"回"形圈的分布特征。杨科、谢广祥[72]采用实验室相似材料模拟、计算机数值模拟及理论分析综合方法,得到了覆岩采动裂隙具有"∩"形高帽状、前低后高驼峰状、前后基本持平驼峰状、前高后低驼峰状等特征。

袁亮院士、刘泽功、卢平等[19~25,73,74]将采动裂隙分为采空区顶板环形裂隙区、裂隙带内竖向裂隙发育区以及远程卸压煤层裂隙发育区。近年来,袁亮院士等运用岩层应力、位移、孔隙流压等实时监测手段,围岩变形与水、气耦合的COSFLOW数值模拟技术,初步建立了低透气性煤层群瓦斯高效抽采的高位环形裂隙体及其判别方法。

齐庆新等[75]认为工作面前方煤体存在反"C"形裂隙发育带。谢和平院士、于广明、张向东、张永波等[76~79]研究得出采动岩体裂隙分布规律及裂隙网络的分形特征。王悦汉和邓喀中[80]构建了采动岩体动态力学模型,研究得出采动岩体破裂规律及裂隙演化特征。

李树刚提出煤层开采后,采场上覆岩层中的破断裂隙和离层裂隙贯通后在空间上的分布是一个动态变化的采动裂隙椭抛带[53],分析了关键层位置与椭抛带形态的相互关系。近年来,基于采动裂隙椭抛带观点,结合采动裂隙"O"形圈的基本特征,提出了采动裂隙圆矩梯台带的工程简化模型,并对其主要参数进行了研究[81,82]。

张玉卓研究了长壁采煤上覆岩层运动中层间脱开的条件、存在过程及其与岩层结构和采矿条件的关系[83],提出产生离层的覆岩结构类型。杨伦、苏仲杰等以组合板变形的力学模型为基础指导出根据覆岩的层位、厚度及物理力学性质即可定量计算离层位置的实用公式[84,85]。赵德深等揭示了煤矿区采动覆岩中离层产生、发展与分布的时空规律[86],探讨了离层发展高度与工作面推进距的关系、单一离层从产生到最大值直至消失的时间效应等规律。

刘洪永、程远平等根据上覆煤岩层的破断和裂隙发育情况[87],研究了关键层下的离层断裂隙带瓦斯通道的发育特征,依据其内瓦斯的流动状态将上覆岩层瓦斯通道的发育沿纵向由下到上分为瓦斯紊流、瓦斯过渡流和瓦斯渗流等三个不同的通道区。张勇、许力峰等运用断裂力学和岩石力学相关理论[88],结合煤岩体裂隙发育特征将工作面前方煤岩体瓦斯通道分为孤立通道区、张裂破坏区、剪切破坏区及支承压力峰值后破坏区。

刘洪涛、马念杰等采用深部位移自动监测仪和裂隙通道巡回摄录仪[89],进行理论分析和现场测试研究,得出随工作面推进,顶板裂隙通道经历原生裂隙通道主导阶段、裂隙通道产生、扩张、成熟和闭合阶段的演化过程。高明忠、金文城等借助改进后的本质安全型钻孔裂隙窥视仪[90],实时采集采煤工作面前方煤岩体裂隙网络随工作面推进的演化过程。结合分形几何理论与裂隙岩体连通率投影算法,揭示了采动影响下,工作面前方裂隙网络演化分形特征及连通率变化规律。

1.4.2　矿井瓦斯抽采基础理论研究现状

自 1947 年苏联学者 P. M. 克里切夫斯基用渗透理论描述煤层瓦斯运移过程[91],得到考虑瓦斯吸附性质的瓦斯渗流规律,为煤矿瓦斯抽采基础理论的发展奠定了基础,到现在,煤矿瓦斯抽采基础理论已经发展了 60 多年。目前,在国内外指导煤矿瓦斯防治和抽采的基础理论主要集中在本煤层瓦斯渗流-扩散理论、开采煤层与瓦斯多物理场耦合理论及覆岩采动卸压裂隙带瓦斯运移规律等方面研究。

1. 本煤层瓦斯渗流-扩散理论的研究

1) 本煤层瓦斯渗流理论的研究

(1) 基于达西定律的线性瓦斯渗流理论。1965 年,周世宁院士从渗流力学角度出发,在我国首次提出了基于达西定律的线性瓦斯流动理论[92],奠定了我国瓦斯研究的理论基础,之后创建了"钻孔流量法"煤层透气系数测定的新技术[93],该测定方法及其计算方法被广泛应用于我国煤矿开采中。郭勇义结合相似理论[94],就一维情况研究了瓦斯渗流方程的完全解,并将瓦斯的等温吸附量用朗格缪尔方程来描述,提出修正的瓦斯流动方程。谭学术利用瓦斯真实气体状态方程,提出了修正的矿井煤层真实瓦斯渗流方程[95]。鲜学福院士、余楚新在假设煤体瓦斯吸附与解吸过程完全可逆的条件下,建立了煤层瓦斯流动理论以及渗流控制方程[96]。孙培德基于前人的研究成果,修正和完善了均质煤层的瓦斯流动数学模型[97,98],同时发展了非均质煤层的瓦斯流动数学模型,还应用计算机进行了数值模拟的对比分析。此后,应用统计热力学与量子化学的理论,得出真实瓦斯气体状态的经验方程更能客观地反映煤层内游离瓦斯的状态[99]。

近年来,孙广忠等应用达西渗流定律,讨论了因突出而形成的瓦斯粉煤两相流流动过程,提出"煤-瓦斯介质力学",并对该介质的变形、渗透率、强度等力学特性进行了系统研究[100]。以郑哲敏院士为首的学科组基于力学角度从数量级与量纲分析上,应用达西渗流运动方程阐述煤与瓦斯突出的孕育、启动与停止过程的机理,指出煤与瓦斯的突出机理缘于煤的破碎启动与瓦斯渗流的耦合[101,102]。

(2) 非线性瓦斯渗流规律。著名的流体力学家 Allen 在将达西定律用于描述均匀固体物(煤样)涌出瓦斯试验中得出结果与实测不符[103],证明了瓦斯在煤岩体中的渗流存在非线性关系。于是,对基于达西定律的线性渗流定律是否适用于瓦斯在煤体中的运移问题,许多学者通过大量的实验及理论研究,归纳得到了达西定律偏离的原因[100]。

随后,这些非线性达西定律在煤层瓦斯运移方面得到了多方面的应用。孙培德基于幂定律的推广形式[104],建立了可压缩性气体在煤层内流动的数学模型,得出幂定律更符合煤层内瓦斯流动的基本规律。罗新荣基于克林伯格(Klinkenberg)效应的修正达西定律[105],指出了达西定律的适用范围,并提出了非线性瓦斯渗流规律以及相应的数学模型,之后,又建立了非均质可压密煤层瓦斯运移和数值模拟方程[106,107],并得到煤层瓦斯压力分布曲线和煤(孔)壁瓦斯涌出衰减方程。

2) 基于菲克定律的煤层瓦斯扩散理论研究

众所周知,瓦斯在煤体中以游离与吸附两种状态赋存,菲克定律(Fick's Law)认为,瓦斯由吸附状态向游离状态转化的过程符合线性扩散定律。这样就把扩散流体的速度与其浓度梯度线性地联系起来。在国外,Germanovich 在 1983 年从扩散理论角度研究了煤层中吸附瓦斯的解吸过程[108]。

在国内,对煤屑中瓦斯扩散规律,主要以王佑安、杨其銮等为代表。1981 年,王佑安与朴春杰提出了确定煤层瓦斯含量的煤解吸瓦斯速度法[109],并于 1982 年指出用煤的解吸指标作为煤层突出危险性的判据[110]。1986 年,杨其銮与王佑安等基于煤体中的吸附瓦斯向游离瓦斯转化过程的研究[111,112],提出了煤屑瓦斯扩散理论,认为煤屑内瓦斯运动基本符合线性扩散定律,并于 1988 年提出瓦斯球向流动的数学模型。聂百胜、何学秋等根据气体在多孔介质中的扩散模式[113,114],结合煤结构的实际特点,研究了瓦斯气体在煤孔隙中的扩散机理和扩散模式。吴世跃、郭勇义研究了煤粒瓦斯扩散规律及扩散系数测定方法,提出一种预测煤和瓦斯突出的新指标[115,116]。

3) 煤层瓦斯渗流-扩散理论的研究

随着瓦斯运移规律研究的深入,国内外大多数专家学者认为瓦斯在煤层内的流动是渗流和扩散两种运动的混合,即煤层瓦斯渗流-扩散理论。1987 年,Saghfi 等指出[117],煤层中瓦斯的流动状况决定于其内瓦斯的渗透率和介质的扩散性,并从渗流、扩散力学角度出发,提出了瓦斯渗流-扩散的动力模型,然后以变透气系数为基础,成功地进行了数值模拟。

国内的孙培德指出煤层内瓦斯流动实质是非均质的各向异性孔隙-裂隙双重介质中的可压缩流体渗流-扩散的非稳定的混合流动[118]。段三明、聂百胜借助传热学、传质学,以扩散、渗流理论为基础,对瓦斯的解吸过程进行了理论推导,建立瓦斯扩散-渗流方程并进行了计算机模拟[119]。吴世跃、郭勇义依据第三类边界传质的原理,建立扩散渗流的微分方程组,并讨论了反映煤层气扩散渗流特征参数的测试原理[120,121]。在这里值得指出的是,周世宁院士和林柏泉所著的《煤层瓦斯赋存与流动理论》基于以前研究成果[122],系统地阐述了煤层瓦斯渗流-扩散理论,是我国对此理论研究的代表作之一。

尽管本煤层瓦斯渗流-扩散理论在一定的简化条件下,已形成了较严密的理论体系,并在煤矿瓦斯抽采过程中起到了一定的作用,但由于煤层这个固体骨架不能假定为刚性的,而工程实际中煤层经常会胀缩及变形,且孔隙瓦斯压力对煤体骨架变形也有一定的影响,因此应将固体骨架视为可变形的介质则更符合实际,同时煤层瓦斯运移的过程中,存在着地温场、地电磁场等地球物理场效应,而此理论未考虑这些因素的影响。

2. 开采煤层与瓦斯多物理场耦合理论

近年来,大多数从事于煤岩瓦斯耦合规律研究的学者都注意到研究煤层瓦斯的运移规律,应该考虑地应力场、地电磁场、温度场等对瓦斯渗流场的影响。这是因为,天然煤体中存在大量的孔隙和裂隙,这些缺陷不但大大地改变了含瓦斯煤体的力学性质,也严重影响着含瓦斯煤体的渗透特性、热力学特性及电磁特性。对含瓦斯煤体而言,其开采特性取决于所处的地质环境,即所处的渗流场、应力场、温度场及电磁场等环境,这些因素相互作用和影响,使得煤体开采前后时时处于这些因素构成的动态平衡体系中。

1) 多物理场作用下煤层渗透性的实验研究

煤层瓦斯渗透率是反映煤层内瓦斯渗流难易程度的物性参数,也是煤层瓦斯二相固气多物理场耦合模型的核心参数。因此,煤层瓦斯渗透率在多物理场下的变化规律成为了目前渗流力学界关注的焦点。

(1) 煤体应力场对瓦斯渗流的影响实验。国外的 Somerton 研究了裂纹煤体在三轴应力作用下氮气及甲烷气体的渗透性,得出煤样渗透性与作用应力、应力史有关且其渗透率随地应力的增加按指数关系减小[123]。Ettinger 系统地研究了瓦斯煤体系统的膨胀应力与瓦斯突出的关系[124]。Gawuga、Khodot、Harpalani 等专家学者,在实验条件下,研究了在地球物理场中含气煤样的力学性质以及煤岩体与瓦斯渗流之间的固气力学效应[125~127]。Borisenko 从煤体孔隙面积与固体骨架的实体面积的原理角度,研究了孔隙气压作用下煤体的有效应力[128]。Harpalani 还深入研究了受载条件下含瓦斯煤样的渗透特征[129],Enever 等通过研究澳大利亚含瓦斯煤层的渗透性与有效应力之间的相互影响得出,煤层渗透率变化与地应力变化为指数关系[130]。

国内的周世宁院士、鲜学福院士、林柏泉、靳钟铭等专家学者从 20 世纪 80 年代以来,系统地研究了含气煤体的变形规律、煤样透气率等力学性质[131~136]。周世宁、何学秋采用热压型煤为试样,研究了含瓦斯煤的流变特性,得到类似于岩石特性的蠕变特性曲线[137]。赵阳升、胡耀青等通过大量的含瓦斯煤体力学实验,得到用有效应力表示的等效孔隙压力系数[式(1.3)][138]以及三维应力下渗透系数随有效体积应力的变化规律[式(1.4)][139],之后研究得到了气体单一裂缝渗透系数的表达式[式(1.5)][140]。

$$\alpha = \frac{a_1 - a_2 \Theta' + a_3 p - a_4 \Theta' p}{1 + 3a_2 p + 3a_4 p^2} \tag{1.3}$$

$$K_c = K_{c0}(p+1)^{-\eta_s}\exp[\eta_b(\Theta - 3\alpha p)] \tag{1.4}$$

$$K_f = K_{f0}\frac{p}{p_0}\exp\left\{-\eta_b\left(\frac{\sigma_1 - \eta_\beta p}{K_n}\right) - \eta_c\left[\frac{1-v_r}{E_r}(\sigma_2 + \sigma_3) - \frac{2v_r}{E_r}\sigma_1\right]\right\} \tag{1.5}$$

式中，$a_1 \sim a_4$ 为拟合系数；Θ' 为有效应力，$\Theta' = \Theta - 3\alpha p$；$\alpha$ 为等效孔隙压力系数；Θ 为体积应力，MPa；p 为孔隙压力，MPa；K_c、K_{c0} 为煤体渗透系数及初值；η_b 为体积应力对渗流的影响系数；K_f、K_{f0} 为煤体裂隙渗透系数及初值；σ_1、σ_2、σ_3 为三维坐标系中三向应力，MPa；η_c 为裂隙侧向变形对渗流的影响系数；η_s 为吸附作用系数；η_β 为裂缝连通系数；K_n 为裂缝法向刚度，MPa；p_0 为初始孔隙压力，MPa；E_r 为基质岩块弹性模量，MPa；v_r 为泊松比。

孙培德等通过含瓦斯煤三轴压缩实验，研究了在变形过程中含瓦斯煤渗透率的变化规律，拟合得到含瓦斯煤的渗透率随围压和孔隙压力变化的经验方程，并证明了等效孔隙压力系数是体积应力与孔隙压力的双线性函数[141,142]。

尹光志、李铭辉等运用自主研制的含瓦斯煤热流固耦合三轴伺服渗流试验装置[143]，在不同瓦斯压力条件下对含瓦斯煤进行了固定轴向应力的卸围压瓦斯渗流试验，研究了卸围压过程中瓦斯压力对煤体的力学及渗透特性的影响。

曹树刚、郭平等利用实验室研制的三轴渗透仪[144]，进行不同轴压围压条件下瓦斯压力对突出原煤渗流特性试验，得到瓦斯渗流速度随着瓦斯压力的增加而增加，呈显著的二次多项式函数关系，渗透率随瓦斯压力的增加呈"V"字形变化，具有明显的阶段性。

(2) 煤体温度场对瓦斯渗流的影响实验。张广洋等通过对南桐煤田煤样的渗透率进行实验研究，实验得到了温度对瓦斯渗透的影响的关系[式(1.6)][145]。程瑞端等通过变温条件下的煤样渗流实验，推导出了渗透系数和温度的回归方程[式(1.7)][146]。郭立稳等通过实验得到，在煤与瓦斯突出过程中，煤体温度的升高是由地应力破碎煤体使弹性能释放造成的，而温度降低则是由于瓦斯气体解吸和膨胀造成的，其变化是先升高后降低并连续变化[147]。

$$\ln k = \eta_A + \eta_B{}^t \tag{1.6}$$

$$k = k_t(1+t)^{\eta_n} \tag{1.7}$$

式中，k 为渗透率，m^2；t 为温度，K；η_A、η_B、k_t、η_n 为实验回归常数。

许江、张丹丹等利用自主研发的热流固耦合三轴伺服渗流装置[148]，测定了煤样在不同有效应力、瓦斯压力及温度条件下的渗透率，研究了不同有效应力和瓦斯压力条件下，煤样渗透率和温度的关系。

杨新乐、张永利等通过改装三轴渗透仪[149]，进行了不同温度条件下煤瓦斯的渗透率测定实验。实验结果表明，在不同温度下，渗透率随有效应力的减小均呈二次抛物线趋势，即渗透率先减小后增大。

(3) 电磁场对瓦斯渗流的影响实验。鲜学福院士等[150~154]在实验室采用三轴渗流实验装置和电场实施装置研究了电场作用对煤中瓦斯气体渗流性质的影响，得到了静电场对煤与瓦斯吸附的影响关键是静电场的焦耳热效应使煤瓦斯系统温度升高和静电场增加煤表面吸附势能两种因素竞争结果，以及交变电场作用下瓦斯的吸附量减少，并促使煤中瓦斯的渗流。何学秋、王恩元等[155~159]研究了交变电场条件下的煤体瓦斯渗透特性，表明煤体瓦斯渗透率对电场有明显的响应，煤体瓦斯渗透率随电场作用频率和强度的增加而提高；并通过实验证明，含瓦斯煤体在断裂破坏过程中会发生电磁辐射，其辐射强弱通常取决于外加载荷大小及煤物理力学性质。

2）煤层瓦斯二相多物理场耦合模型

1994 年，赵阳升等基于前期的研究工作，应用瓦斯渗流方程[式(1.8)]、可变形多孔介质运动方程[式(1.9)]，并结合式(1.3)提出了煤层瓦斯流动的固结数学模型，系统和完善了均质煤体固气耦合数学模型及其数值解法[160~162]。此后，基于岩体基质岩块与裂缝变形、气体渗流及相互作用的物理机制，应用基质岩块中的气体渗流方程[式(1.8)]、基质岩块的变形方程[式(1.9)]、裂缝中的气体渗流方程[式(1.10)]、裂缝的变形方程[式(1.11)]，并结合式(1.4)、(1.5)，研究了块裂介质岩体变形与气体耦合的数学模型及其数值解法[163,164]。

$$(K_i p_{,i}^2)_{,i} = \left(\frac{n}{p} + \frac{ab}{p\,(1+bp)^2} \right) \frac{\partial p^2}{\partial t} + 2p\, \frac{\partial V_e}{\partial t} \tag{1.8}$$

$$(\lambda + \mu) U_{j,ji} + \mu U_{i,jj} + F_i + (\alpha p)_{,i} = 0 \tag{1.9}$$

$$\frac{\partial}{\partial s_1}\left[\frac{K_{f1}}{2}\frac{\partial p^2}{\partial s_1} \right] + \frac{\partial}{\partial s_2}\left[\frac{K_{f2}}{2}\frac{\partial p^2}{\partial s_2} \right] = \frac{n}{p}\frac{\partial p^2}{\partial t} + 2p\frac{\partial n}{\partial t} \tag{1.10}$$

$$\sigma_n' = K_n \varepsilon_n,\ \sigma_{s1}' = K_s \varepsilon_{s1},\ \sigma_{s2}' = K_s \varepsilon_{s2} \tag{1.11}$$

式中，$K_{i,j}$ 为渗透系数，$K_{i,j} = K(\Theta, p)$；n 为孔隙率；a、b 为吸附常数，m^3/t，MPa^{-1}；V_e 为体积变形；U 为煤岩体的变形位移；λ、μ 为拉梅常量；F_i 为体积力张量，MPa；s_i 为裂缝切向坐标；σ_n' 为裂缝法向有效应力，MPa；K_s 分别为裂缝切向刚度，MPa；σ_n、σ_s 分别为裂缝法向应力与切向应力，MPa；ε_n、ε_{si} 为法向应变与切向应变。

章梦涛、梁冰基于塑性力学的内变量理论，采用煤和瓦斯耦合作用下煤的内时本构方程，研究了煤与瓦斯的耦合作用对煤与瓦斯突出的影响及突出发生的失稳机理，进一步发展了瓦斯突出的固气耦合数学模型[165~168]。丁继辉、赵国景等基于多相介质力学，考虑了固相有限变形的影响，建立了煤与瓦斯突出的固流两相介质耦合失稳的数学模型及有限元方程，并进行了数值模拟[169,170]。李树刚在采场卸压瓦斯的运移规律明显受矿山压力影响的认识基础之上[171~173]，将煤岩体看作可变形介质，根据现场观测，研究了矿山压力下，考虑煤岩体变形对瓦斯运移的影响规律。并借助现代化的电液伺服岩石力学试验系统，进行了全应力应变过程的软煤样渗透特性试验,得出煤样渗透性与主应力差、轴应变、体积应变关系曲线,拟合出相应方程,首次提出煤样渗透系数-体积应变方程应作为耦合分析中主要的控制方程[174,175]。

唐春安、杨天鸿等根据煤岩体介质变形与瓦斯渗流的基本理论,引入煤体变形过程中细观单元损伤与透气性演化的耦合作用方程,建立了考虑煤岩体变形损伤、流变及瓦斯渗流的含瓦斯煤岩破裂过程流固耦合模型,由式(1.9)、式(1.12)~式(1.15)组成,并给出了其数值求解方法。之后应用该模型研究了诱发煤与瓦斯突出前后煤体瓦斯压力及采动影响下瓦斯抽采过程煤层渗透性演化规律[176~178]。

$$4K\alpha_a^{-1}P^{0.75}\nabla^2 P = \partial P/\partial t \tag{1.12}$$

式中,α_a 为煤层瓦斯含量系数,$\mathrm{m}^3/[\mathrm{m}^2\,(\mathrm{MPa})^{1/2}]$;$P$ 为煤层瓦斯压力的平方,MPa^2。

当剪应力达到莫尔-库仑损伤阈值时,损伤引起的渗透系数的变化为

$$K = \begin{cases} K_0 e^{-\eta_\beta(\sigma_1-\alpha p)} & D = 0 \\ \xi K_0 e^{-\eta_\beta(\sigma_1-\alpha p)} & D > 0 \end{cases} \tag{1.13}$$

式中,K_0 为初始渗透系数;ξ、α、η_β 分别为渗透系数增大倍率、孔隙压力系数和耦合系数;D 为损伤变量。

当单元达到单轴抗拉强度损伤阈值时,损伤引起的渗透系数的变化为

$$K = \begin{cases} K_0 e^{-\eta_\beta(\sigma_3-\alpha p)} & D = 0 \\ \xi K_0 e^{-\eta_\beta(\sigma_3-\alpha p)} & 1 > D > 0 \\ \xi' K_0 e^{-\eta_\beta(\sigma_3-\alpha p)} & D = 1 \end{cases} \tag{1.14}$$

式中,ξ' 为单元破坏时透气系数的增大系数。

$$\sigma = \sigma_\infty + (\sigma_0 - \sigma_\infty)\exp(-\delta_B t) \tag{1.15}$$

式中,σ_0 为岩石细观基元体的瞬时抗压强度,MPa;σ_∞ 为岩石细观基元体的长期抗压强度,MPa;δ_B 为岩石的强度衰减系数。

曹树刚等在分析煤层瓦斯流动特性的基础之上[179],提出原煤吸附瓦斯贡献系数,建立了煤层瓦斯流动的质量守恒方程以及可用来研究煤与瓦斯延迟突出机理的含瓦斯煤的固-气耦合数学模型,并进行了数值分析。梁冰、刘建军等根据瓦斯的吸附规律和煤与瓦斯固气耦合作用的机理[180,181],建立了考虑温度场、应力场和渗流场的固气耦合数学模型,并对不同温度下煤岩应力和瓦斯压力的分布规律进行了数值模拟计算。鲜学福院士、王宏图等通过建立煤层瓦斯运动方程、连续性方程、气体状态方程和含量方程[182~184],推导获得了考虑地应力场、地温场和地电场中的煤层瓦斯渗透率及煤层瓦斯渗流方程。

胡国忠、许家林等根据低渗透煤体的瓦斯渗流特性[185],通过建立煤层瓦斯渗流方程与煤体的变形场方程,引入煤体孔隙率的动态变化模型,推导得到了低渗透煤与瓦斯的固-气动态耦合模型。许江、李波波等以原煤为研究对象[186],利用自主

研制的含瓦斯煤热流固耦合三轴伺服渗流试验系统,采用加轴压、卸围压的应力控制方式开展煤岩加卸载试验,分析加卸载条件下煤岩变形特性和渗透特征的演化规律。

3) 开采煤层、瓦斯、水固气液三相多物理场耦合理论

近年来,多相渗流耦合问题也逐日成为煤炭科研工作者研究的焦点之一。但是,由于此问题本身的复杂性,致使国内外对它的研究成果较少。赵阳升等研究了气液二相流体在裂缝渗流的模拟实验,得到了在气液二相流体沿裂缝渗流中,水的相对渗透系数(K_{tw})随水相对饱和度($S_w = 1 - S_g$,S_g气体相对饱和度)呈线性规律($K_{tw} = \eta_a S_w + \eta_b$,$\eta_a$、$\eta_b$为拟合系数),气体相对渗透系数($K_{tg}$)随水相对饱和度呈负指数规律衰减($K_{tg} = \eta_a e^{(-\eta_{sw} S_w)}$,$\eta_{sw}$为与流体性质有关的气体饱和度影响系数)[187]。

2001 年,孙可明、梁冰等基于气溶于水的条件下[188],建立了煤层气开采过程中的煤岩骨架变形场和渗流场以及物性参数间耦合作用的多相流体流固耦合渗流模型。之后建立了考虑解吸、扩散过程的煤岩体变形场与气、水两相流渗流场的多相流固耦合模型并进行了模拟[189]。刘建军利用流体力学、岩石力学和传热学理论[190],给出了考虑温度场、渗流场和变形场作用下的煤层气-水两相流体渗流理论,并通过数值模拟的方法,研究了温度效应对煤层气开发的影响。林良俊、马凤山建立了气-水二相流和煤岩变形的微分方程[191],用有限元分别将它们进行离散化,对煤岩变形模型和气-水二相流耦合模型及数值解法进行了讨论。王锦山等在考虑煤层气溶于水的情况下,探讨了水-气两相流在煤层中的运移规律,将有效应力、孔隙流体压力分别引入到渗流物性参数中,实现了流固耦合的相互作用[192]。刘晓丽、梁冰等基于岩体渗流水力学和多相渗流力学理论,将工程地质体简化为孔隙-裂隙双重介质,建立了水-气二相渗流与双重介质变形的流固耦合数学模型[193]。

由以上所述可以看出,考虑应力场、温度场及电磁场等多场耦合作用下的煤岩瓦斯耦合数学模型及其数值解法,使物理模型更能反映客观事实,是当今瓦斯抽采基础理论研究的热点,且也取得了一定的研究成果。但目前实验室进行的煤岩体渗透率测定不能完全反映现场实际及渗透性的变化规律,且大部分集中于以连续介质为基础的宏观研究方法,建立煤岩体在应力峰前区与瓦斯耦合的数学模型,对破坏后(峰值应力状态下)的煤岩体渗透特性和固流本构理论研究成果较少,至今煤岩层破坏后或煤岩体在应力峰后区的流体渗流与煤岩体变形耦合规律,其渗流骨架固体力学描述还没有完备。

3. 覆岩采动卸压裂隙带瓦斯运移规律研究

在煤层开采过程中,因采动卸压作用,处于卸压范围内的围岩,将不同程度的

变形、破裂直至断裂,并且其煤岩渗透性大大提高,这是煤矿瓦斯抽放的重点区域。近年来,一大批有志于煤矿安全生产的专家教授致力于其中的瓦斯运移规律,进而布置合理的瓦斯开采系统,为煤与甲烷共采研究提供了借鉴基础。

1) 瓦斯动力弥散规律的研究

对于瓦斯动力弥散规律的研究,多数学者将瓦斯在采空区垮落带中的运移规律视为瓦斯在多孔介质中的动力弥散过程。章梦涛等[165]对瓦斯在采空区的动力弥散方程进行了推导,介绍了流体动力弥散方程在一些特殊情况下的解析解,并给出一些具体实例以说明其用处。蒋曙光、张人伟将瓦斯-空气混合气体在采空区中的流动视为在多孔介质中的渗流,应用多孔介质流体动力学理论建立了综放采场三维渗场的数学模型,并采用上浮加权多单元均衡法对气体流动模型进行了数值解算[194]。丁广骧、柏发松考虑因瓦斯-空气混合气体密度的不均匀及重力作用下的上浮因素,建立了三维采空区内变密度混合气非线性渗流及扩散运动的基本方程组,并应用 Galerkin 有限元法和上浮加权技术对该方程组的相容耦合方程组进行了求解[195]。随后,丁广骧以理论流体力学、传质学、多孔介质流体动力学等基本理论,介绍了矿井大气以及采空区瓦斯的流动[196]。

梁栋、黄元平分析了采动空间空隙介质的特性以及瓦斯在其中运动特征,提出了采动空间瓦斯运移的双重介质模型[197],之后针对具体实例进行了求解[198]。李宗翔、孙广义等将采空区垮落区看作是非均质变渗透系数的耦合流场[199~201],用Kozery 理论描述了采空区渗透性系数与岩石垮落碎胀系数的关系,用有限元数值模拟方法求解了综放采空区三维流场瓦斯涌出扩散方程。刘卫群等应用随机理论及破碎岩体气体的渗流理论和数值分析方法建立了给定条件下采空区渗流分析模型,得到采空区渗流场与瓦斯浓度分布特征[202,203]。胡千庭、兰泽全等通过数值模拟对采空区瓦斯的流动规律及浓度分布规律进行了数值模拟[204,205]。杨天鸿、金龙哲等建立了采空区瓦斯渗流运移的数学模型,通过数值模拟分析了采空区的瓦斯运移规律[206,207]。

2) 瓦斯升浮-扩散规律的研究

对于此方面的研究,大多数学者是分析煤层采动后,上覆岩层所形成的裂隙形态,进而分析其中瓦斯的运移规律。国外的 Moloney[208]、Ren[209]、Karacan[210,211]等通过数值模拟、理论分析,研究了煤层开采后采动裂隙带中的瓦斯运移规律。

钱鸣高院士、许家林基于"O"形圈分布特征,将其用于指导卸压瓦斯抽采钻孔布置,取得了效果[51,212~214]。之后,刘泽功、戴广龙等探讨了采空区顶板瓦斯抽采巷道的布置原则,并应用流场理论分析了实施顶板抽采瓦斯技术前后采空区等处瓦斯流场的分布特征[215~217]。林柏泉等通过单元法实验[218],初步研究了开采过程中卸压瓦斯储集与采场围岩裂隙的动态演化过程之间的关系。李树刚在采动裂隙椭抛带的认识基础上,应用环境流体力学和气体输运原理,通过瓦斯在裂隙带升浮的控制微分方程组(包括连续方程、动量方程、含有物守恒方程和状态方程并服从相似假定和卷吸假定)计算,得到了瓦斯沿流程上升与源点距离关系,从而阐述了卸压瓦斯在椭抛带中的升浮-扩散运移理论,并提出几种抽采卸压瓦斯方法[219]。

3) 卸压煤层瓦斯运移规律的研究

国外的 Jozefowicz[220]、Whittles[221]等通过理论分析以及数值模拟等研究了邻近层瓦斯卸压后通过采动裂隙向工作面运移的过程。

在国内,梁冰、章梦涛提出将瓦斯流动看作可变形固体骨架中可压缩流体的流动,得到了采动影响下煤岩层瓦斯流动的耦合数学模型,并研究了打通二矿 7 号煤层开采对邻近层卸压后瓦斯向开采层采空区流动状况[222]。孙培德基于煤岩介质变形与煤层气越流之间存在着相互作用[223,224],提出了双煤层气越流的固气耦合的数学模型,并通过实测和数值模拟验证了该理论是符合实际生产的。梁运培运用达西定律、理想气体状态方程以及连续性方程等[225],建立和求解了邻近层卸压瓦斯越流的动力学模型,分析了邻近层卸压瓦斯的越流规律,并在阳泉一矿采用岩石水平长钻孔进行了邻近层瓦斯的抽采工作[226]。程远平,俞启香等通过研究上覆远程卸压岩体移动和裂隙分布以及远程卸压瓦斯的渗流流动特性,提出了符合远程卸压瓦斯流动特性的远程瓦斯抽采方法[16~18,227]。

1.4.3　矿井瓦斯抽采技术研究现状

1. 矿井瓦斯抽采现状

我国煤矿井下瓦斯抽采始于 20 世纪 50 年代初。经过六十多年的发展,煤矿井下瓦斯抽采,已由最初为保障煤矿安全生产到安全能源环保综合开发型抽采;抽采技术由早期的对高透气性煤层进行本煤层抽采和采空区抽采单一技术,逐渐发展到针对各类条件适合于不同开采方法的瓦斯综合抽采技术。

地面瓦斯抽采始于 20 世纪 70 年代末,煤炭科学研究院抚顺研究所曾在抚顺、阳泉、焦作、白沙、包头等矿区,以解决煤矿瓦斯突出为主要目的,施工了二十余口地面瓦斯抽排试验井。但由于技术、设备等条件限制,试验未达到预期效果。20世纪 90 年代,煤层气开发出现热潮,在不同地区开展了煤层气开发试验。经过十余年发展,取得了重大突破。尤其是"十一五"期间[228],国家启动沁水盆地和鄂尔多斯盆地东缘两个产业化基地建设,实施煤层气开发利用高技术产业化示范工程,建成端氏—博爱、端氏—沁水等煤层气长输管线,初步实现规模化、商业化开发,形成了煤层气勘探、开发、生产、输送、销售、利用等一体化产业格局。重点煤层气企业加快发展,对外合作取得新进展,潘庄、枣园项目进入开发阶段,柳林、寿阳等项目获得探明储量。

"十一五"期间,国家强力推进煤矿瓦斯"先抽后采、抽采达标",加强瓦斯综合利用,安排中央预算内资金支持煤矿瓦斯治理示范矿井和抽采利用规模化矿区建设,煤矿瓦斯抽采利用量逐年大幅度上升。山西、贵州、安徽等省瓦斯抽采量超过 5 亿 m^3,晋城、阳泉、淮南等 10 个煤矿企业瓦斯抽采量超过 1 亿 m^3。地面煤层气开发从零起步,施工煤层气井 5400 余口,形成产能 31 亿 m^3。新增煤层气探明地质储量 1980 亿 m^3,是"十五"时期的 2.6 倍。到 2013 年,我国瓦斯抽采量达 156 亿 m^3(其中煤矿井下瓦斯抽采量 126 亿 m^3,地面瓦斯抽采量 30 亿 m^3),是 2001 年的 15.9 倍;瓦斯利用量 66 亿 m^3,是 2001 年的 12.6 倍,如图 1.17 所示。

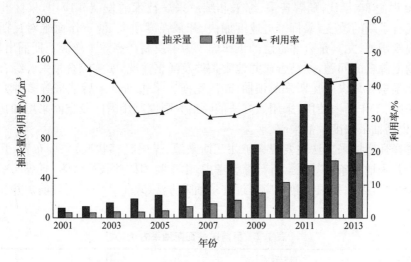

图 1.17 我国煤矿瓦斯抽采及利用量

2. 矿井瓦斯抽采技术发展

随着煤炭工业技术的发展,瓦斯抽采技术也得到了不断地提高和发展,我国煤矿瓦斯抽采技术大致经历了四个发展阶段[19,229]。

1) 高透气性煤层瓦斯抽采阶段

20 世纪 50 年代初期,在高透气性特厚煤层中(如抚顺矿区)首次采用井下钻孔预抽煤层瓦斯,成功解决了矿区向深部发展过程中的瓦斯安全问题,获得了理想的效果。但由于当时对煤层透气性与瓦斯抽采效果间的关系认识不深,将该方法应用于透气性较小的矿井效果较差。

2) 邻近层卸压瓦斯抽采阶段

20 世纪 50 年代中期,在开采煤层群矿井中,首先在阳泉矿区采用穿层钻孔抽采上邻近层瓦斯获得成功,解决了煤层群开采中首采工作面瓦斯涌出量大的问题。随后试验了顶板瓦斯高抽巷抽采上邻近层瓦斯技术,该方法在不同煤层赋存条件下的上、下邻近层中取得了较好应用效果。

3) 低透气性煤层强化抽采瓦斯阶段

从 20 世纪 60 年代开始,由于在我国一些透气性较差的高瓦斯煤层及有突出危险的煤层采用通常的布孔方式预抽采瓦斯的效果不理想,试验研究了多种强化抽采开采煤层瓦斯的方法,如水力压裂、水力割缝、煤层注水、大直径(扩孔)钻孔、松动爆破、网格式密集布孔、预裂控制爆破以及交叉布孔等。在这些方法中,多数方法在试验区取得了提高瓦斯抽采量的效果,但大部分仍处于试验阶段。

4) 综合抽采瓦斯阶段

20 世纪 80 年代,随着普采、综采和综放采煤技术的发展和应用,采区巷道布置方式有了新的改变,采掘推进速度加快、开采强度增大,使工作面绝对瓦斯涌出量大幅度增加,尤其是有邻近层的工作面。为解决高产高效工作面瓦斯涌出量大、瓦斯涌出源多的问题,须结合矿井地质条件及涌出情况,实施综合抽采。综合抽采瓦斯就是把开采煤层瓦斯采前预抽、卸压瓦斯边采边抽及采后抽采等多种方法在同一采区、工作面内使用,采用该方法能够最大限度利用时间及空间来增加瓦斯抽采量、提高抽采浓度及抽采率。

选择瓦斯抽采方法主要根据矿井瓦斯来源、煤层赋存状况、采掘布置、开采程序以及开采地质条件等因素进行综合考虑,由于我国矿井数量众多,且煤层赋存条件复杂多样,因此我国试验和应用过许多抽采方法(表 1.2 为我国目前矿井瓦斯抽采方法[19])。

表 1.2　目前矿井瓦斯抽采方法

抽采模式	抽采技术	具体方法
先抽后采	巷道预抽	密封开采巷道
	顺层钻孔预抽	由开采层工作面的进风巷、回风巷等打顺层钻孔
	穿层钻孔预抽	由岩巷、邻近层煤巷向开采层打穿层钻孔 由地面向开采层打穿层钻孔
	水压致裂	注入高压水使煤体破裂
	水力冲孔	在封闭式高压供水条件下,利用水流冲击等作用
	水力割缝	使钻孔内煤体卸压增透
	深孔爆破	通过爆破使煤体内形成裂隙网
采中抽采	保护层瓦斯抽采	向被保护层打钻孔进行抽采
	高抽巷抽采	由邻近煤岩层掘巷道
	顶板钻孔抽采	由开采层巷道向采空区顶板打钻孔
	巷道穿层钻孔	由岩巷、邻近层煤巷打穿层钻孔
	采空区插管或埋管	现采采区设密闭墙插管或预埋管抽采
采后抽采	地面钻孔抽采	由地面向采空区打钻孔
	采空区埋管	在采空区预埋管抽采

1.5　煤与甲烷共采学的研究内容和研究方法

1.5.1　煤与甲烷共采学的研究内容

煤与甲烷共采学是一个多学科的交叉领域,涉及采动岩体力学、多孔介质流体动力学、渗流力学等学科。作为一种探索,本书在现有的研究水平和条件基础上,综合前人的研究成果,对采动后覆岩的裂隙分布特征、甲烷在其中的运移规律进行有限度的探索性研究,主要内容如下。

1）数控电液伺服渗流试验及煤样微观结构模型研究

选择典型高瓦斯或煤与瓦斯突出矿井煤样,用扫描电镜研究煤样的微观结构及其影响因素;通过压汞实验分析煤体孔隙分布特征,利用瓦斯吸附解吸仪分析煤体吸附甲烷特征;进行数控电液伺服渗流试验,分析全应力应变过程中煤样的渗透特性及其主导影响因素。

2）覆岩采动裂隙演化规律物理相似模拟及数值模拟实验

以典型工作面为基本原型,制作走向和倾向模拟实验模型,通过观测煤层开采后的覆岩应力、垮落后形成的离层率、裂隙密度、垮落范围、垮落形态、碎胀特征等,研究采动裂隙时空演化与分布特征。采用FLAC³ᴰ数值模拟软件,分析煤层采动后随工作面推进应力分布规律,研究覆岩的卸压范围及形态。

3）采动裂隙场动态演化规律及力学机理分析

基于物理相似材料模拟及数值模拟,得出煤层开采后所形成的采动裂隙带空间分布特征;应用岩层控制关键层理论、砌体梁理论、薄板理论等分析采动裂隙带形成的形态、力学机理及主要影响因素。

4）采动裂隙场中的瓦斯运移规律研究

运用多孔介质流体动力学、渗流力学等理论建立采动裂隙场中卸压瓦斯运移的数学模型,分析其数值解法;并用FLUENT软件模拟瓦斯运移状态,初步探讨采动过程中涌出的瓦斯在裂隙带中的运移规律。

5）煤与甲烷安全共采工程实践

基于分析采动裂隙演化与卸压瓦斯动态储运关系,典型工作面煤层透气性、瓦斯压力、瓦斯含量等瓦斯基本参数,进行现场工业性研究;并通过现场观测工作面风量、瓦斯浓度、开采煤量、开采进度、抽采管道的瓦斯浓度、压力、流量等参数,分析工作面瓦斯涌出规律、瓦斯抽采规律,研究煤与甲烷安全共采效果。

1.5.2　煤与甲烷共采学的研究方法

采用理论分析计算、物理相似材料模拟、数值模拟、扫描电镜、压汞实验、吸附实验、电液伺服渗流试验以及现场工业性试验相结合的研究方法,进行定性定量分析。即通过电镜扫描、压汞仪分析煤体孔隙结构特征入手,利用吸附解吸仪研究煤体吸附甲烷特点,通过电液伺服渗流试验分析煤体的渗透特性;基于物理相似材料模拟、数值模拟计算,探讨采动影响下覆岩裂隙演化与卸压瓦斯渗流的宏观形态,研究采动裂隙演化的力学机理及主要影响因素;将采动岩体力学、关键层理论与多孔介质流体动力学等理论相结合,建立卸压瓦斯在采动裂隙中运移的数学模型,并对其数值解法进行实例分析,得到卸压瓦斯抽采方法相对的定量布置参数,从而为"煤与甲烷共采学"提供理论支持。

1.5.3　煤与甲烷共采学研究技术路线

本书技术路线流程如图 1.18 所示。

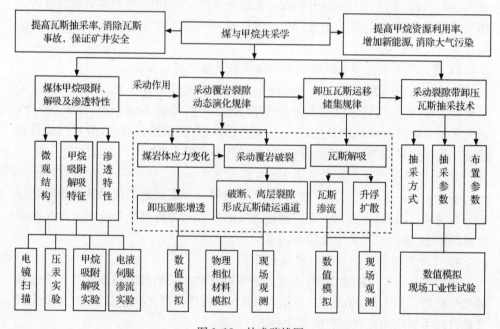

图 1.18　技术路线图

第2章 煤层甲烷赋存及渗透特性分析

2.1 煤层甲烷赋存状态及特点

2.1.1 煤层甲烷赋存状态

甲烷能够存在于煤层之中,主要与煤的结构状态有着密切的关系。研究表明:煤体是一种复杂的多孔介质,有着十分发达的、大小不同的孔隙和裂隙,既有成煤胶结过程中产生的原生孔隙,也有成煤后的构造运动形成的大量孔隙和裂隙,形成了很大的自由空间和孔隙表面。因此,成煤过程中生成的甲烷就以不同状态存在于这些裂隙和孔隙之内。甲烷常以游离和吸附状态存在于煤体中[122]。

1) 游离状态

游离状态也称自由状态,即甲烷以自由气体的状态存在于煤体或围岩的裂缝和较大的孔隙之中,如图2.1所示。游离甲烷可以自由运动或从煤(岩)层的裂隙中散放出来,由于甲烷分子的热运动,表现出一定的压力。游离甲烷含量的多少与缝隙储存空间的体积、甲烷压力成正比,与甲烷温度成反比。

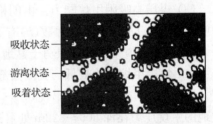

图2.1 煤内甲烷的赋存形式示意图

2) 吸附状态

吸附状态又可分为吸着状态和吸收状态两种。吸着状态是由于煤中的碳原子对瓦斯的碳氢原子有很大的吸引力,使大量瓦斯分子被吸着于煤的微孔表面形成一个薄层。吸收状态是瓦斯分子在较高的压力作用下,能渗入煤体胶粒结构之中,与煤体紧密地结合在一起。

煤体中的甲烷含量是一定的,游离状态和吸附状态的甲烷并不是不变的,而是处于不断交换的动平衡状态。当条件发生变化时,这一平衡就会遭到破坏。一般甲烷在煤体表面的吸附过程为:甲烷分子由气相扩散到煤体表面,扩散到煤体表面的甲烷分子被煤体吸附,被吸附的甲烷分子与煤体表面发生反应,生成被煤体所吸附的产物分子[122]。大量的煤吸附甲烷试验证明,煤吸附甲烷主要由甲烷分子和碳分子之间剩余的表面自由力(范德华力)相互吸引引起的,即在煤体内部的一个分子与周围分子由于没有被同种分子完全包围,分子受到垂直指向煤体内的吸引力。当气体分子碰到煤表面时,其中一部分就被吸附,并放出吸附热;在其热运动的动能足以克服吸附引力场的位垒时可重新回到气相,这时要吸收解吸热,这一现象称为解吸,吸附与解吸是可逆的。目前大部分矿井煤层内的甲烷主要以吸附态存在,占 80%～90%,游离态甲烷只占总量的 10%～20%。

2.1.2　我国大部分矿区煤层甲烷赋存特点

与美国等国相比,我国大部分矿区煤层甲烷赋存具有"三高三低"的特征。

(1) 煤层高甲烷储存量。据全国甲烷资源评价[5],在埋深 2000m 以浅甲烷地质资源量 $36.8 \times 10^{12} m^3$,约占世界的 13%,其中可采资源量 $10.87 \times 10^{12} m^3$,主要分布在华北和西北地区。其中 1000m 以浅、1000～1500m 和 1500～2000m 的甲烷地质资源量,分别占总量的 38.8%、28.8%和 32.4%。

(2) 煤层高可塑性结构。由于我国含煤地层一般都经历了成煤后的强烈构造运动,煤层内生裂隙系统遭到破坏,塑变性大大增强,因而成为低透气性的高可塑性结构,这使得地面钻孔完井后采气效果差、水力压裂增产效果不明显。

(3) 煤层高吸附甲烷能力。由朗格谬尔方程可知,煤层甲烷的吸附量与其体积吸附常数(a)及压力吸附常数(b)有关,ab 值越大,吸附能力越强,据统计,我国许多矿区的 ab 值大于美国黑勇士盆地及圣胡安盆地[53]。

(4) 煤层甲烷压力较低。我国大部分煤矿甲烷压力为 0.5～3.0MPa,仅少数矿井在深达 800～1000m 处出现 5.0～8.5MPa 的高压区,而美国黑勇士及圣胡安盆地的甲烷压力在深 600～822m 处可达 5.6～8.8MPa[53]。

(5) 煤层在水力压裂等强化措施下形成的常规破裂裂隙所占比例低。我国煤层由于具有高可塑性结构,在煤中进行水力压裂等强化措施下,起初有一定效果,但很快孔隙裂隙闭塞,渗透率又降低。

(6) 煤层渗透率较低。我国煤层渗透率变化于 0.002～16.17mD,平均约1.27mD[5]。其中,渗透率小于 0.1mD 的占 35%;渗透率在 0.1～1.0mD 的占37%;渗透率大于 1.0md 的占 28%;渗透率大于 10mD 的较少。

2.2　煤体微结构及吸附甲烷特性分析

2.2.1　煤体微结构特性分析

1. 煤体微结构扫描电镜分析

煤层中孔隙和裂隙是煤层甲烷储存的空间和扩散运移通道,煤的孔隙特征不仅决定着煤的吸附、扩散和渗流特性，而且对煤的力学性质也有一定的影响。本章通过使用菲利普公司生产的扫描电子显微镜（SEM，型号为 QUANAT-200，最小分辨率为 3.5nm，如图 2.2 所示）对天池煤矿 15 号煤层进行观察，该方法是从煤岩学、构造地质学研究基础出发，依据成煤或变质过程，煤体经过化学、物理等变化阶段的残留痕迹表征，根据扫描电子显微镜观测煤体的孔隙、裂隙形态、大小、排列组合等发育特征进行分析。

图 2.2　QUANAT-200 型扫描电子显微镜

1）孔隙微结构类型及成因

煤体具有庞大的微孔系统，微孔直径从不足 1nm 到几十纳米，微孔之间则由一些直径只有甲烷分子大小的微孔小毛细管所沟通，彼此交织，组成超细网状结构，具有很大的内表面积，形成了煤体特有的多孔结构。周世宁院士等按空间尺度将煤中孔隙划分为微孔（$<10^{-5}$ mm）、小孔（$10^{-5} \sim 10^{-4}$ mm）、中孔（$10^{-4} \sim 10^{-3}$ mm）、大孔（$10^{-3} \sim 10^{-1}$ mm）及可见孔与裂隙（$>10^{-1}$ mm）[122]，Gan 等按成因将其划分为分子间孔、煤植体孔、热成因孔和裂缝孔[229]。郝琦按成因类型划分为气孔、植物组织孔、粒间孔、晶间孔、铸模孔、溶蚀孔等[230]。张慧将煤孔隙的成因类型划分为四大类（原生孔、外生孔、变质孔、矿物质孔）和十小类[231]。根据电镜扫描结果，15 号煤层主要发育有变质气孔及胶体收缩孔。

（1）变质气孔。15 号煤层中变质气孔较为发育，但分布不均匀，该气孔是煤在变质过程中发生各种物理化学反应而形成的孔隙，主要由生气和聚气作用形成。单个气孔在形态上有圆形、椭圆形、拉长（变形）和不规则状等，通常不充填矿物，相互之间连通性较差（图 2.3）；由于该煤层成气作用强烈，有气孔密集成群呈现，气孔群中的气孔排列呈带状分布，有的可彼此连通（图 2.4）。

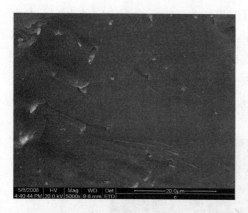
图 2.3　煤样中的变质气孔(×5000)

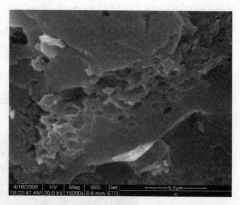
图 2.4　煤样中的变质气孔(×15000)

（2）胶体收缩孔。胶体收缩孔为基质镜质体的特征产物，由于植物残体受强烈的生物地球化学作用，它们从有形物质降解成胶体物质，在此过程中胶体脱水收缩并呈超微球聚合，形成基质镜体，球粒之间的孔隙称为胶体收缩孔（不包括内生裂隙）。一般孔径较小，连通性差（图2.5，图2.6）。

图 2.5　煤样中的胶体收缩孔(×5000)

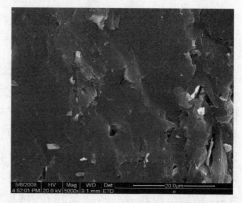
图 2.6　煤样中的胶体收缩孔(×5000)

2）裂隙微结构类型及成因

煤体中存在着大量裂隙，裂隙系统是由煤的层理、节理和裂隙组成的。从成因上分为内生裂隙、构造裂隙、次生裂隙。

（1）内生裂隙。15号煤层内生裂隙较为发育，它是各种成煤物质在覆水沼泽环境中腐败、分解、发生凝胶化作用，同时在上部沉积物的静压下煤体失水、均匀收缩时产生内应力形成的。以条带状结构为主，亦有线理状、透镜状，一般不切入其他分层，如图2.7所示。

（2）构造裂隙。它是成煤后受到一次或多次构造应力破坏而产生的裂隙，可出现在煤层的任何部分。构造裂隙方向性明显,裂隙面平直,延伸较长,可切入其他分层,有时交叉而相互贯通,有的裂隙较宽,常有次生矿物充填。

(3)次生裂隙。次生裂隙是由于采掘活动而产生的新裂隙,如图 2.8 所示。一般而言,煤岩的破坏过程包括源生裂隙的闭合阶段、新裂隙的产生、扩展及断裂。在煤岩的变形和破裂过程中。随着外力的增加,煤岩体之间、裂纹之间、矿物质之间和组成化学元素之间都可能发生滑移、错位。当能量足够高时,克服煤岩内部的分子键、原子键、共价键的键能,产生新的裂纹。

 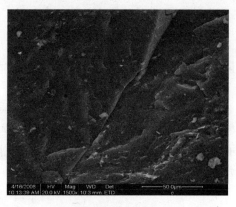

图 2.7　煤样中的内生裂隙(×5000)　　　　　图 2.8　煤样中的次生裂隙(×1500)

综上表明,煤层既不是单一孔隙型储层,也不是单一裂隙型储层,而是既有孔隙又有裂隙存在的孔隙-裂隙型储层。15 号煤层的电镜扫描显示其孔隙、裂隙较发育,内部微孔结构呈张开型。电镜照片内小空洞的直径,最大约 3.1μm,最小约 0.1μm,以 1.2μm 左右较多;微裂隙长度长短不一,裂隙宽度为 1~10μm。

2. 煤体微结构特性的主要影响因素

煤的孔隙特性与煤的变质程度、煤的破坏程度和地应力大小等因素相关[122]。

1)煤的变质程度

从长焰煤、气煤、肥煤、焦煤到瘦煤,随着煤化程度的加深(挥发分减少),煤的总孔隙体积逐渐减小,到焦煤、瘦煤时达最低值;而后又从贫煤、半无烟煤到无烟煤,随煤化程度的加深,总孔隙体积又逐渐增加,至无烟煤时达到最大。但是,煤中微孔体积则是随着煤化变质程度的增加而一直增长。

2)煤的破坏程度

煤的破坏程度对大孔和中孔有影响,但对微孔影响不大。一般而言,煤的渗透容积主要由中孔和大孔组成,煤的破坏程度越高,渗透容积越大。

3)地应力

张应力可使裂隙张开,从而引起渗透容积增大,张应力越高,渗透容积增长越多,即孔隙率增加越多;而压应力则可使渗透容积缩小,压应力越大,煤体渗透容积缩小的就越多,即孔隙率减少就越多。因此,当煤层开采后,在增压区使煤体受压缩,孔隙率降低,即渗透容积减小,甲烷运移难度加大;在卸压区次生裂隙发育,孔隙沟通程度加大,渗透容积增大,甲烷涌出量也相应增大,这一点从现场观测和生产实践中甲烷的涌出规律得到了证实。

2.2.2　煤体孔隙孔容压汞实验分析

1. 压汞法测定原理

煤是一种多孔介质,其孔隙大小、形状、发育程度和连通情况直接影响着煤吸附瓦斯的能力及赋存规律。可采用压汞法来研究孔隙容积(孔容)、比表面积、孔径分布等描述煤孔隙结构特征的参数。

汞对一般固体不润湿,对多孔的介质而言,汞在较低的压力下便可以进入其颗粒间的裂隙内,在高压力下汞便可以进入到煤颗粒内的微孔中。压汞法测定煤体孔隙大小的基本原理为[232]:通过不同孔隙对压入汞的阻力不同,由压入汞的量和压力,计算出煤的孔隙体积和孔隙半径。孔隙半径的计算公式为

$$r = -\frac{2\sigma\cos\theta}{p} \tag{2.1}$$

式中,r 为孔隙半径,nm;p 为汞压力,MPa;σ 为汞的表面张力,25℃时为 4.8×10^{-10} N/nm;θ 为汞对固体表面的接触角。

本次实验采用美国麦克公司生产的型号为 AutoPore Ⅳ 9510 型压汞仪(图2.9),设备测试压力范围为:0～450MPa;孔径测试范围:0.003～1000μm。

图 2.9　AutoPore Ⅳ 9510 型全自动压汞仪

2. 煤样孔隙孔容结构

利用压汞法测得累计进退汞量与进汞压力的关系如图 2.10 所示,进汞增量与进汞压力的关系如图 2.11 所示。

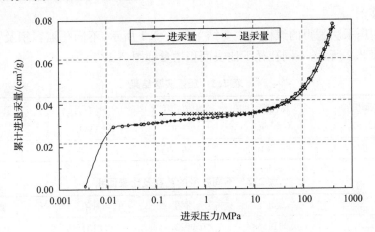

图 2.10　不同压力的进汞量和退汞量曲线

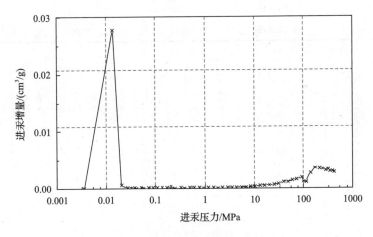

图 2.11　进汞增量与进汞压力关系

由图 2.10 及图 2.11 可知,在进汞压力为 0~0.014MPa 时,进汞曲线斜率较大,其所对应的孔径在 90000nm 以上,即在压力很小的情况下,汞很容易进入大孔以上的孔隙[232];随着进汞压力增大,汞开始进入较小的孔隙,但进汞增量较小,曲线趋于平缓;当进汞压力达到 31MPa 以后,进汞量开始增加,对应的孔径在 47nm 以下,说明煤中微孔及小孔占的比例较大。同时,进汞量曲线与退汞量曲线不完全重合,在相同压力下,进汞量大于退汞量,退汞具有滞后性,并且在压力回零时,汞未全部退出来。这主要是由于在进汞阶段,汞首先进入孔径较大的孔隙,当压力加大,汞依次被压入中孔、小孔、微孔;在退汞阶段,随着压力减小,汞按照微孔—小孔—中孔—大孔顺序退出,由于煤体中存在"梨"状微孔,当汞进入后,部分汞会存在里面。这些"梨"状微孔的存在会导致孔隙网络连通性较差,从而阻碍甲烷在煤体中运移。

采用压汞法测得的煤样的主要结果如表 2.1 所示,不同孔隙容积及孔隙比表面积如表 2.2 所示,不同孔径下比表面积增量如图 2.12 所示。

表 2.1　压汞实验结果

总孔面积 /(cm^2/g)	总孔容 /(cm^3/g)	中值孔径 /nm	平均孔径 /nm	孔隙率 /%
25.907	0.0761	36.8	11.8	9.8582

表 2.2　不同孔径的孔容及比表面积

	大孔	中孔	小孔	微孔
孔容/(cm^3/g)	0.0319153	0.0023711	0.0131518	0.0287005
及其分布/%	41.917161	3.1141373	17.273362	37.694915
比表面积/(cm^2/g)	0.0036465	0.038649	2.391262	23.47313
及其分布/%	0.0140755	0.1491854	9.2302844	90.60641

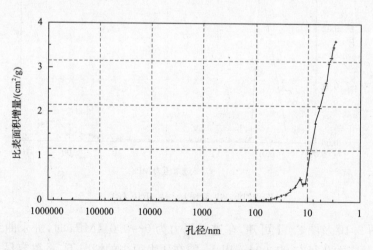

图 2.12　孔径与比表面积增量关系

由图 2.12 及表 2.2 可知,该煤样微孔和小孔的孔体积分别占总孔体积的37.695% 及 17.273%,但其比表面积却分别占总比表面积的 90.606% 和 9.23%,大孔以上的孔体积占总孔体积的 41.917%,该煤样的比表面积主要分布在 3～

50nm,即微孔和小孔的比表面积较大,小于 10nm 的微孔比表面积增量最大。

2.2.3　煤体吸附甲烷特性实验分析

煤体吸附甲烷特性是研究甲烷在煤岩体中运移规律的基础,煤对甲烷的吸附能力受煤与甲烷自身因素(包括煤岩组成、水分、甲烷压力等)以及温度等外在条件影响[122,233~235]。

1. 温度对煤体吸附甲烷特性的影响

1) 不同温度下的煤体吸附甲烷等温线

从井下采集新鲜煤样后,对原煤样进行粉碎筛分成 0.25~0.177mm(60~80目),称取制备好的煤样 30g 左右,装入甲烷吸附解吸仪器的吸附罐中,进行不同温度的煤吸附甲烷实验,实验温度为 20℃、30℃、40℃、50℃。经过实验得出不同温度下煤样的吸附等温线(图 2.13),其拟合方程如表 2.3 所示(表中 X 为甲烷吸附量,cm^3/g;p 为吸附平衡时甲烷压力,MPa)。由表 2.3 可知,在不同温度下的煤体吸附甲烷等温线可用朗格缪尔方程来描述。

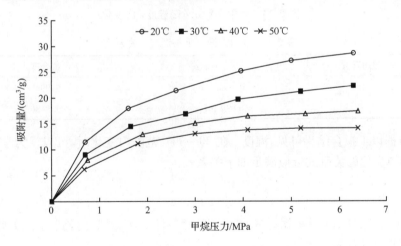

图 2.13　不同温度下的吸附等温线

表 2.3　不同温度下的吸附等温线拟合方程

温度/℃	拟合方程
20	$X = 22.83984p/(1+0.647p)$
30	$X = 18.41272p/(1+0.680p)$
40	$X = 18.01264p/(1+0.868p)$
50	$X = 16.5188p/(1+0.972p)$

2）温度与吸附常数 a、b 的关系

根据试验结果，对吸附常数 a、b 值随温度 t 变化的关系进行拟合，结果如图 2.14 所示。根据实验结果，对吸附常数 a、b 随温度 t 的变化关系进行拟合，其拟合关系式如表 2.4 所示。

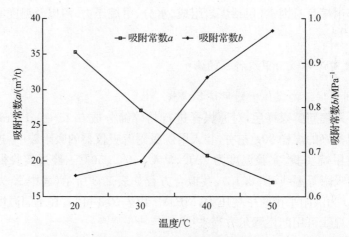

图 2.14　吸附常数 a、b 随温度 t 的变化

表 2.4　吸附常数 a、b 与温度 t 关系式

吸附常数	关系式	拟合度
a	$a=56.97\mathrm{e}^{-0.0246t}$	0.9959
b	$b=0.4675\mathrm{e}^{0.0146t}$	0.9436

根据以上拟合结果可见，温度 t 在 20～50℃ 范围内变化时，可以认为常数 a、b 随温度 t 变化的关系式近似满足如下关系式：

$$a = C_0\mathrm{e}^{-C_1 t} \tag{2.2}$$
$$b = D_0\mathrm{e}^{D_1 t} \tag{2.3}$$

式中，C_0、C_1、D_0、D_1 是根据煤样在不同温度条件下实验拟合得到的常数项，由煤体自身性质所决定。

由于煤对甲烷吸附主要以物理吸附为主，其吸附速率越快，在规定时间内越易达到平衡，且为放热过程。所以，针对同一种煤体，a 值随温度升高，逐渐减小，而 b 值随温度升高，逐渐增大。

2. 含水量对煤吸附甲烷的影响

对原煤样进行粉碎筛分成 0.25～0.177mm（60～80 目），采用将干煤样人工加湿方法实现，即将加湿后的煤样充分搅拌后，进行称重，计算其含水量，实验含水量为 0%、1.46%、5%、10%。

1) 不同含水量的煤体吸附甲烷等温吸附线

如图 2.15 所示为在不同含水量条件下的等温吸附曲线（拟合方程如表 2.5 所示，表中 X 为甲烷吸附量，cm^3/g；p 为吸附平衡时甲烷压力，MPa）。由表 2.5 可知，不同含水量下的吸附等温线可近似用朗格缪尔方程来表示。由图 2.15 可得到，相同甲烷压力下，甲烷吸附量随含水量增加而减小，主要原因是含有一定水分时，煤表面对水的吸附能力高于甲烷，水分在煤表面比甲烷优先吸附，占据了一定的煤表面空间，减少了甲烷吸附空间，降低了甲烷的吸附量。

表 2.5 不同含水量下的吸附等温线拟合方程

含水量/%	拟合方程
0	$X=19.52125p/(1+1.0813p)$
1.46	$X=23.99976p/(1+1.4762p)$
5	$X=25.63331p/(1+2.0812p)$
10	$X=25.82376p/(1+2.2748p)$

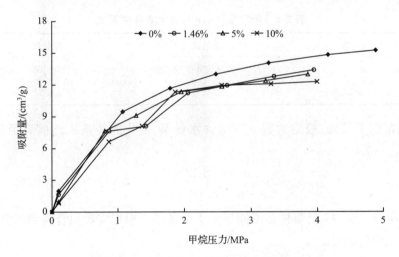

图 2.15 不同含水量下的等温吸附曲线

2) 含水量与吸附常数 a、b 的关系

根据试验结果，对吸附常数 a、b 值随含水量变化的关系进行拟合作图，结果如图 2.16 所示。由图可见针对该煤样随含水量的升高煤对甲烷的吸附量变小，煤的朗格缪尔常数 a 随含水量的增大而单调递减，吸附常数 b 值则增大。

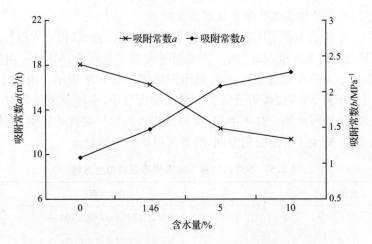

图 2.16　吸附常数 a、b 随含水量的变化

　　根据实验结果,对吸附常数 a、b 随含水量 W 的变化关系进行拟合,其拟合关系式如表 2.6 所示。

表 2.6　吸附常数 a、b 与含水量 W 关系式

吸附常数	关系式	拟合度
a	$a=-0.6692W+17.249$	0.8751
b	$b=0.1155W+1.2531$	0.8751

　　根据以上可知,吸附常数 a、b 随含水量 W 变化的关系式近似满足如下关系式:

$$a = -B_0 W + B_1 \tag{2.4}$$

$$b = G_0 W + G_1 \tag{2.5}$$

式中,B_0、B_1、G_0、G_1 是煤样在不同平衡水分条件下根据实验拟合得到的常数,由煤自身性质所决定。

　　3. 煤样粒度对煤吸附甲烷的影响

　　将煤样粉碎为粒径为 0.84~0.42mm(20~40 目)、0.42~0.25mm(40~60 目)、0.25~0.177mm(60~80 目)、0.177~0.149mm(80~100 目)的四组煤样,在 30℃的恒温水域条件下进行煤吸附甲烷实验。

　　1) 不同粒径的煤体吸附甲烷等温吸附线

　　如图 2.17 所示为在不同粒径煤样吸附甲烷的等温吸附曲线(拟合方程如表 2.7 所示,表中 X 为甲烷吸附量,cm^3/g;p 为吸附平衡时甲烷压力,MPa)。由表

2.7 可知,不同粒径下的吸附等温线可近似用朗格缪尔方程来表示。由图 2.17 可得到,相同甲烷压力下,甲烷吸附量随粒径的减小而增大,主要原因是煤对甲烷吸附量与总孔体积、总比表面积、微孔比表面积正相关,随着煤样粒径的减小,其总比表面积增大,其相应的甲烷吸附量增加。

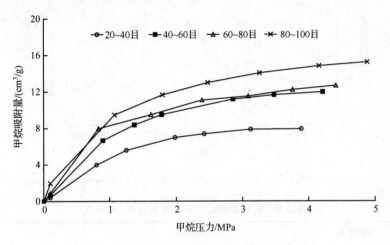

图 2.17　不同粒径下的煤样吸附甲烷吸附等温线

表 2.7　不同粒径下的煤样吸附甲烷等温线拟合方程

粒径/目	拟合方程
20~40	$X=5.235671p/(1+0.3375p)$
40~60	$X=7.287204p/(1+0.4084p)$
60~80	$X=19.52071p/(1+1.0813p)$
80~100	$X=23.64234p/(1+1.2344p)$

2) 煤样粒径与吸附常数 a、b 的关系

根据试验结果,对吸附常数 a、b 值随煤样粒径变化的关系进行拟合作图,结果如图 2.18 所示(图中括号中的粒径为平均粒径)。由图可见针对该煤样随煤样粒径的增大,煤的朗格缪尔常数 a、b 值增大。

根据实验结果,对吸附常数 a、b 随煤样粒径 S_L(此处按煤样粒径的平均值来处理)的变化关系进行拟合,其拟合关系式如表 2.8 所示。

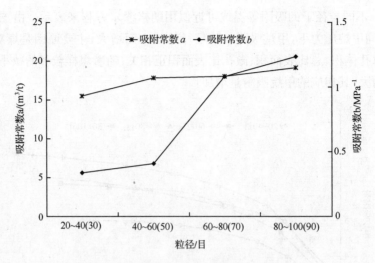

图 2.18　吸附常数 a、b 随煤样粒径 S_L 的变化

表 2.8　吸附常数 a、b 与煤样粒径 S_L 关系式

吸附常数	关系式	拟合度
a	$a=0.0556S_L+14.302$	0.8816
b	$b=0.0168S_L-0.2437$	0.8751

由以上可知,吸附常数 a、b 随煤样粒径 S_L 变化的关系式近似满足下式:

$$a=-K_0S_L+K_1 \tag{2.6}$$
$$b=R_0S_L+R_1 \tag{2.7}$$

式中, K_0、K_1、R_0、R_1 是煤样在不同煤样粒径条件下根据实验拟合得到的常数。

2.3　煤体渗透特性分析

2.3.1　煤体渗透特性电液伺服渗流试验分析

煤体渗透率是反映煤层内甲烷渗流难易程度的物性参数,也是甲烷渗流力学与工程的重要参数。因此,煤体渗透率的影响因素及其渗透规律的研究在煤与甲烷安全共采中具有重要的意义[174,175,236]。选取 15 号煤样进行不同围压下的渗透性试验,得出煤样全应力-应变关系曲线和相应的应变-渗透率关系对比曲线,从而分析煤体在变形破坏全过程的渗透率变化特征及其主导影响因素。

1. 煤体渗透特性电液伺服渗流试验原理

试验在室内岩石力学试验系统——MTS815.02 型电液伺服岩石力学试验系统上进行,该系统具有孔隙水压和水渗透试验的相关设备,可以通过手动、模控和数控方法进行操作;在试验过程中,其控制方式有载荷控制、轴向位移控制(或冲程控制)和环向位移控制(或应变控制)三种方式;试验可提供多种数据及关系曲线,如载荷、轴向应力、轴向应变(位移)、环向应变(位移)、体积应变、围压、孔隙水压等,试验的基本原理如图 2.19 所示。

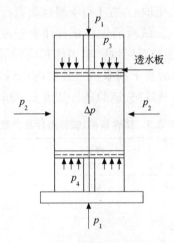

图 2.19　水渗透试验的基本原理示意图

p_1. 轴向压力;p_2. 侧压;p_3. 试件上端水压;p_4. 试件下端水压;Δp. 两端压差($\Delta p = p_4 - p_3$)

本试验测定渗透率采用瞬态法,其基本原理[203]:先施加一定的轴压 p_1、围压 p_2 及孔压 p_3($p_3 < p_2$),然后降低试件一端的孔压至 p_4,在试件两端形成渗透压差 $\Delta p = p_4 - p_3$,从而引起水体通过试件渗流。一定的 p_1、p_2、p_3 和 p_4 下渗透性试验完成后,可调整上述各参数开始下一轮的渗透试验。经恰当安排,如先固定 p_2、p_3 和 p_4 不变,在伺服机的载荷控制下,使轴压力 p_1 从煤样处于弹性段的低应力开始,逐步提高至和弹塑性段相对应的应力。当应力接近峰值以及峰值后区,自动转换为冲程控制方式,即可安全顺利地进行接近峰值应力及峰后区的渗透性试验。这样全应力应变过程的煤样水渗透特性试验可通过计算机程序控制,使在同一试件的一次不间断的试验中自动完成,同时本试验设置了环向应变传感器,以测定环向变形。渗流过程中,Δp 不断减少,其减少速率与试样种类、结构、试件长度(渗流路程)、截面尺寸,流体密度、黏度,以及应力状态和应力水平等因素有关。试验过程中计算机自动采集的数据,试样渗透率(k,10^{-3} mD),按式(2.8)计算[237]。

$$k = 9701.5976 \times H \times \frac{\ln(\Delta p_1 / \Delta p_2)}{5 \times d^2 \times (A_2 - A_1)} \tag{2.8}$$

式中，H、d 分别为试样高度和直径，cm；Δp_1、Δp_2 分别为对应 1、2 时刻的孔压差，MPa；A_1、A_2 分别为对应的时间，s。

2. 试验结果

试样取自山西和顺天池能源有限责任公司 103 工作面。首先在井下精心采集免受采动影响和风化的典型地质单元的煤块，然后运至井上迅速密封包装运至实验室，在 SC200 型自动取心机取心，在 DQ-4 型自动岩石切割机上切平并在 SHM-200 型双端面磨石机上磨光。试验前先将试样用真空浸水装置含水饱和，确认其饱和后用聚四氟乙烯热缩塑料双层致密牢固热封煤样周围，保证流体介质不能从防护套和试件间隙渗漏，然后置于伺服机三轴缸内进行加压试验。选择具有典型结果的四个煤样进行分析，其规格、试验条件如表 2.9 所示。

表 2.9　试件规格、试验条件及参数

煤样编号	试件尺寸 /(mm×mm)	侧压 /MPa	孔隙压力 /MPa	渗透压差 /kPa
M_1	49.6×95.8	4.0	3.0	1500
M_2	49.8×91.8	4.0	3.0	1500
M_3	50.2×94.6	4.0	3.0	1500
M_4	49.2×96.3	8.0	3.0	1500

试验中计算机自动采集数据，并给出每次采样的 Δp-t 曲线，四个试件的全应力应变曲线及渗透率，体积应变随轴向应变的变化曲线如图 2.20～图 2.27 所示。

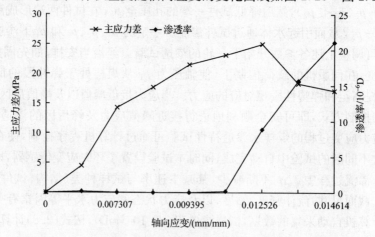

图 2.20　M_1 煤样渗透率-应力应变曲线

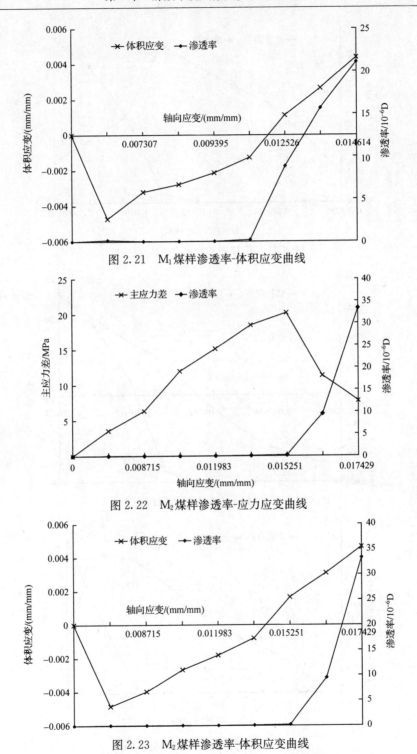

图 2.21　M_1 煤样渗透率-体积应变曲线

图 2.22　M_2 煤样渗透率-应力应变曲线

图 2.23　M_2 煤样渗透率-体积应变曲线

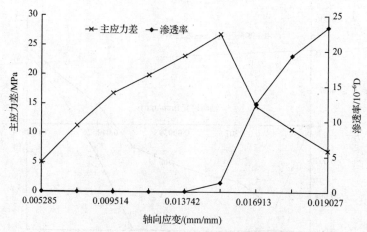

图 2.24　M₃煤样渗透率-应力应变曲线

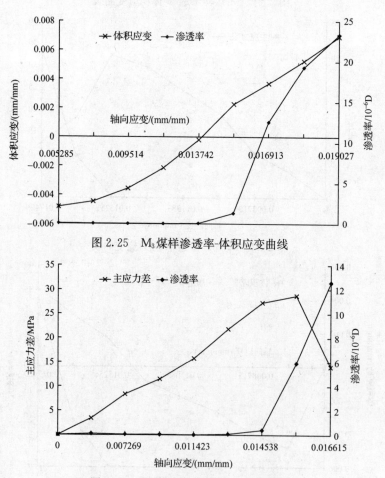

图 2.25　M₃煤样渗透率-体积应变曲线

图 2.26　M₄煤样渗透率-应力应变曲线

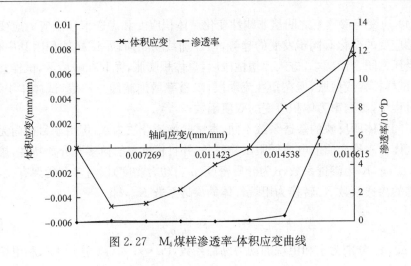

图 2.27　M_4煤样渗透率-体积应变曲线

3. 煤样全应力应变过程中的渗透特征

据图 2.20～图 2.27 可揭示出煤样在全应力应变过程中,煤样渗透性主要特征有:

(1) 在煤样初始压密阶段,由于垂直应力增加,试样压缩变形不断增加,其内原有孔隙闭合,从而使渗透路径受阻,导致煤样渗透率随应力增加一般呈负指数规律降低,如表 2.10 所示(表中 $\sigma_1 - \sigma_3$ 为主应力差)。

表 2.10　煤样渗透率与主应力差拟合公式

煤样	拟合公式	R^2
M_1	$k = 0.2668e^{-0.1471(\sigma_1-\sigma_3)}$	0.8971
M_2	$k = 0.068e^{-0.0557(\sigma_1-\sigma_3)}$	0.9093
M_3	$k = 0.0896e^{-0.0575(\sigma_1-\sigma_3)}$	0.9767
M_4	$k = 0.1779e^{-0.144(\sigma_1-\sigma_3)}$	0.9673

(2) 在应力超过弹性极限进入弹塑性段,试件中逐步由小到多地产生新的微裂隙,渗透率转而趋向增长;越接近峰值应力,产生的微裂隙越多,其中有裂隙互相交割而贯通,因此渗透率急剧增长;峰值强度后,煤样失去最大承载能力,渗透率仍趋增长,但增长斜率有减缓趋势,说明峰后区新裂隙虽仍有扩展,但其数量较少。

(3) 最大渗透系数值发生在软化段或塑性流动段,最小值则出现在弹性变形发展到一定程度时,它表明初期弹性段,因有孔隙和微裂隙在应力作用下被压密闭合而使渗透率减小,最大值是最小值的 665.86～1622.31 倍。一般侧压较低时两极变化范围较大,这是由于软化段裂隙张开度较高,较高的侧压反过来施加作用使其张开度变小。

（4）应变与渗透率之间呈非线性变化。体积应变和渗透率在全应力应变过程中随轴应变的变化有同步发展的趋势，但在加载初始阶段，试样体积因其中孔隙、裂隙受压密闭合而减小，进入弹塑性段后，总体积膨胀，尤其在峰后区，试样急剧膨胀，即试样扩容或剪胀，但在塑性流动段，渗透率增加减缓。一般，试样体积缩小、膨胀过程中，渗透率为体积应变的双值函数[174,175]。

不同流体所反映的渗透系数不同，本试验渗透介质为水，但由于目前尚无成熟的以气体为渗透介质的电液伺服试验装备，并且根据煤岩体多孔介质特性，渗透率（$k=K\mu/\rho g$，K 为渗透系数，ρ 为介质密度，μ 为动力黏度）仅与多孔骨架有关，因此可将水的渗透系数 K_w 转换为甲烷气体的渗透系数 K_m，即

$$K_m = K_w \frac{\mu_w \rho_m}{\mu_m \rho_w} \tag{2.9}$$

式中，μ_w、μ_m 分别为水和甲烷的动力黏性系数，Pa·s；ρ_w、ρ_m 分别为水和甲烷的密度，kg/m³。

实验条件下，保持室温 20℃不变，大气压差变化为零，此时，$\mu_w=100.2\times10^{-5}$Pa·s，$\rho_w=988.3$kg/m³，$\mu_m=1.06\times10^{-5}$Pa·s，$\rho_m=0.716$kg/m³，则 $K_m=6.6549\times10^{-2}K_w$，即甲烷的渗透系数是水的 0.066549 倍。

2.3.2　煤层渗透特性主控影响因素

1. 煤层渗透特性影响因素分析

我国大部分矿区煤层甲烷赋存具有"三高三低"的特征，尤其是煤层的高可塑性结构和低渗透性是影响煤层甲烷抽采的主要因素，美国、澳大利亚等国地面甲烷抽采实践显示[238,239]，具有商业性开发价值的煤储层渗透率一般在 1mD 以上，且要求煤层内生裂隙发育较好，我国大部分高甲烷和突出矿井所开采的煤层属于低透气性煤层，甲烷预抽难度较大。美国利用地面钻井压裂技术在 1993 年开采甲烷量就已达 207 亿 m³，而我国 2013 年地面甲烷抽采量仅 30 亿 m³，且大部分集中于山西沁水盆地等少部分矿区，如何提高煤层甲烷渗透率成为抽采利用的关键所在。

煤岩体渗透率与煤层埋深、煤岩组分、破坏特征、煤层甲烷压力、煤层温度及矿山压力等有关。一般情况下，煤层渗透率随压力（或深度）的增加而减少，压力越大孔隙裂隙趋于闭合使渗透率减小。低变质的褐煤、长焰煤和气煤孔隙度大，具有较低的排驱压力，其渗透率最高；中等变质的肥煤和焦煤的渗透率次之；中、高变质的瘦煤至无烟煤渗透率较低。煤中惰质组（特别是胞腔未被充填的结构丝质体）含量越高、灰分越低，则煤层渗透率越高，反之越低。甲烷压力梯度越小，渗透率也越小，这是由于甲烷压力对煤体的孔隙和裂隙有促进扩展的作用。

2. 影响煤层渗透性变化的主控因素

由煤体三轴电液伺服渗流试验结果及相关研究可知,垂直应力对渗透率的影响最大,煤体在峰值应力前渗透性一般符合负指数规律降低,而在峰值应力后,渗透性有数量级的增大。相应的,煤层开采后,采掘工程破坏了原岩应力场和原始甲烷压力的平衡,使煤体支承压力和甲烷运移状态随工作面推进不断变化,而矿山压力对其变化有着决定性的作用,是影响煤层渗透性变化的主导因素。

多年的生产经验表明,煤层开采扰动能使煤层渗透系数发生很大变化,在应力集中区,煤层的渗透系数降低,形成一个起决定性作用的屏障,阻止甲烷从工作面前方煤体向工作面空间运移;而煤层卸压、围岩松动后,其渗透系数急剧增高,煤层中的甲烷压力升高,煤中原来的孔裂隙系统的毛细管力降低,极易被甲烷突破形成更大的孔裂隙系统,结果甲烷解吸运移过程加剧。同时,邻近层甲烷涌出量与开采层涌出量一样,也受制于开采所引起的矿山压力分布。未受采动影响的邻近层渗透系数较低,工作面前方某处形成应力集中后,渗透系数还会继续降低,只有在开采影响下,处于卸压区中的煤岩体,尤其是采空区垮落带及裂隙带内的煤岩体大多处于峰后应力状态,由于充分卸压作用该区渗透系数会急剧增高,甲烷涌出量也剧增,为甲烷的抽排提供了极为便利的条件。因此,应着力研究采动过程中覆岩应力状态、裂隙分布与煤层甲烷运移形态,有效控制甲烷运移,以实现"煤与甲烷安全共采"的目的。

第3章 采动覆岩裂隙动态演化规律的物理模拟

3.1 模型的设计及制作

采动覆岩裂隙的产生、发展与时空分布特征影响因素多,物理过程复杂,现场测定受到多方条件限制。然而,物理相似模拟实验却能排除现场某些随机因素的影响,寻找各物理量之间的复杂关系和变化规律,目前已成为采矿工程研究中广泛应用的方法。因此,本书采用物理相似模拟实验作为研究采动裂隙带的动态分布规律的手段之一。

3.1.1 实验原型条件

实验以山西和顺天池能源有限责任公司 103 工作面为基本原型,该工作面主采太原组 15 号煤层,煤厚 3.3~5.15m,平均 4.42m,倾角 6°~16°,平均 8.5°。工作面走向 900m,面长 160m,采深 200~400m。采用综放一次采全高的开采方法,采高 2.7m,推进速度 3~5m/d。直接顶为泥岩,灰黑-黑色,局部含有砂质;老顶为中砂岩,灰白-灰黑色,分选磨圆较好,钙质胶结;直接底为铝质泥岩,灰黑色。煤岩层物理力学性质如表 3.1 所示。

表 3.1 原型煤岩层的物理力学性质

序号	岩层名称	容重 /(kN/m³)	弹性模量 /MPa	抗压强度 /MPa	泊松比	内聚力 /MPa	剪胀角 /(°)	内摩擦角 /(°)
1	泥岩	20.80	20019	20.5	0.195	0.93	8	31
2	砂质泥岩	26.40	56767	48.8	0.278	1.38	8	34
3	中砂岩	26.60	50430	65.1	0.280	2.27	10	31
4	炭质泥岩	15.00	35234	14.8	0.240	0.78	8	22
5	细砂岩	26.20	43020	69.0	0.260	1.93	10	31
6	粉砂岩	26.00	54739	58.5	0.253	1.30	12	35
7	石灰岩	26.50	46636	91.2	0.230	3.10	12	41
8	铝质泥岩	13.00	40500	16.0	0.250	0.83	8	24
9	煤	14.60	14142	13.5	0.275	0.72	8	20

3.1.2　相似常数的确定

相似模拟实验以相似理论为基础[240,241]，在研究采动覆岩的变形、移动和破坏过程以及采动裂隙的分布特点时，模型与原形之间必须在几何、运动、动力、边界条件和重要的物理力学参数相似。实验采用西安科技大学西部煤矿开采及灾害防治重点实验室的平面模型，沿煤层走向和倾向进行模拟，模型几何、时间、容重和泊松比相似常数按实验要求选择，应力及强度相似常数根据相似定理进行确定，最终得到模型的相似常数（表 3.2）及岩层物理力学性质（表 3.3）。

表 3.2　103 工作面模型相似常数

编号	沿煤层方向	模型架尺寸/(mm×mm×mm)	相似常数					
			几何	时间	容重	泊松比	应力	强度
M-01	走向	3000×200×1600	100	10	1.5	1.0	150	150
M-02	倾向	1200×120×1000	200	14.14	1.5	1.0	300	300

表 3.3　模型煤岩层的物理力学性质

岩性	M-01（走向）模型				M-02（倾向）模型			
	容重/(kN/m³)	弹性模量/MPa	抗压强度/MPa	泊松比	容重/(kN/m³)	弹性模量/MPa	抗压强度/MPa	泊松比
泥岩	13.87	133.46	0.14	0.20	13.87	66.73	0.07	0.20
砂质泥岩	17.60	378.45	0.33	0.28	17.60	189.22	0.16	0.28
中砂岩	17.73	336.20	0.43	0.28	17.73	168.10	0.22	0.28
炭质泥岩	10.00	234.89	0.10	0.24	10.00	117.45	0.05	0.24
细砂岩	17.47	286.80	0.46	0.26	17.47	143.40	0.23	0.26
粉砂岩	17.33	364.93	0.39	0.25	17.33	182.46	0.20	0.25
石灰岩	17.67	310.91	0.61	0.23	17.67	155.45	0.30	0.23
铝质泥岩	8.67	270.00	0.11	0.25	8.67	135.00	0.05	0.25
煤	9.73	94.28	0.09	0.28	9.73	47.14	0.05	0.28

3.1.3　实验材料配比计算

实验模型选取的相似材料主要有石膏、沙子、大白粉、煤灰等，模型在铺设时均匀地撒上云母粉作为分层弱面，材料配比计算步骤如下：

（1）计算每个岩层中所有材料的总质量 G_M（kg），即

$$G_M = (l_M w_M h_M \gamma_M \times 10^3)/g \tag{3.1}$$

式中，γ_M 为模型材料的容重，此处 $\gamma_M = 15.7\text{kN/m}^3$；$g$ 为重力加速度，$g = 9.8\text{N/kg}$；

l_M、w_M、h_M 分别为模型长度、宽度、高度,m。

(2) 计算每层中需要的某种材料的质量 m_i(kg),即

$$m_i = G_M \times R_i \tag{3.2}$$

式中,R_i 为某料在每层中的比例,一般由配比号来计算。

设配比号为 AB(10-B),则其模型中砂子比例为 $A/(A+1)$,石膏比例为 $B/[10(A+1)]$,大白粉比例为 $(10-B)/[10(A+1)]$,计算求得的各分层材料用量结果如表 3.4 所示。

表 3.4　相似模拟实验材料配比表

序号	岩性	原型厚/m	M-01(走向)模型							M-02(倾向)模型					
			模型厚/m	配比	沙子/kg	石膏/kg	大白粉/kg	煤灰/kg	分层	模型厚/m	配比	沙子/kg	石膏/kg	大白粉/kg	煤灰/kg	分层
42	泥岩	9.6	10.0	837	85.40	3.20	7.5		1	5	946	10.40	0.46	0.69		1
41	砂质泥岩	2.4	2.0	846	17.08	0.86	1.28		1	1	828	2.05	0.05	0.21		1
40	中砂岩	11.6	12.0	737	100.92	4.32	10.08		1	5.5	837	11.29	0.42	0.99		1
39	泥岩	10.3	10.0	837	85.40	3.20	7.5		1	5	946	10.40	0.46	0.69		1
38	碳质泥岩	5.9	6.0	928	51.90	1.14	4.62		1	3	937	6.24	0.21	0.49		2
37	细砂岩	3.4	3.0	746	25.23	1.44	2.16		1	2	846	4.11	0.21	0.31		1
36	碳质泥岩	0.55	0.5	928	4.33	0.10	0.39		1		937	0.00	0.00	0.00		1
35	砂质泥岩	3.75	3.5	846	29.89	1.51	2.24		1	2	828	4.11	0.10	0.41		1
34	粉砂岩	0.3	0.5	728	4.21	0.12	0.48		1		828	0.00	0.00	0.00		1
33	中砂岩	2.4	2.0	737	16.82	0.72	1.68		1	1	837	2.05	0.08	0.18		1
32	砂质泥岩	4.25	4.0	846	34.16	1.72	2.56		3	2	828	4.11	0.10	0.41		2
31	9号煤	0.65	0.5	928	2.16	0.10	0.39	2.165	1	煤线	937	0.26	0.02	0.04	0.26	1
30	砂质泥岩	2.7	2.5	846	21.35	1.08	1.6		1	1.5	828	3.08	0.08	0.31		1
29	细砂岩	4	4.0	746	33.64	1.92	2.88		1	2	846	4.11	0.21	0.31		2
28	砂质泥岩	7.75	8.0	846	68.32	3.44	5.12		4	4	828	8.21	0.21	0.82		4
27	K₄石灰岩	4.65	4.5	755	37.85	2.7	2.7		1	2.5	746	5.05	0.29	0.43		1
26	11号煤	0.3	0.5	928	2.16	0.10	0.39	2.165	1	煤线	937	0.15	0.01	0.02	0.16	1
25	粉砂岩	0.9	1.0	728	8.41	0.24	0.96		1	0.5	828	1.03	0.03	0.10		1
24	砂质泥岩	3.4	3.0	846	25.62	1.29	1.92		2	1.5	828	3.08	0.08	0.31		1
23	12号煤	1	1.0	928	4.32	0.19	0.77	4.33	1		937	0.52	0.03	0.08	0.52	1
22	砂质泥岩	4.5	4.5	846	38.43	1.94	2.88		1	2.5	828	5.13	0.13	0.51		1
21	细砂岩	2.2	2.0	746	16.82	0.96	1.44		1	1.0	846	2.05	0.10	0.15		1

续表

序号	岩性	原型厚/m	M-01(走向)模型							M-02(倾向)模型						
			模型厚/m	配比	沙子/kg	石膏/kg	大白粉/kg	煤灰/kg	分层	模型厚/m	配比	沙子/kg	石膏/kg	大白粉/kg	煤灰/kg	分层
20	铝质泥岩	0.5	0.5	828	4.27	0.11	0.43		1	0.0	937	0.00	0.00	0.00		1
19	细砂岩	0.8	1.0	746	8.41	0.48	0.72		1	0.5	846	1.03	0.05	0.08		1
18	砂质泥岩	1	1.0	846	8.54	0.43	0.64		1	0.5	828	1.03	0.03	0.10		1
17	K$_3$石灰岩	3	3.0	755	25.23	1.8	1.8		1	1.5	746	3.03	0.17	0.26		1
16	13 号煤	0.5	0.5	928	2.16	0.10	0.39	2.17	1	煤线	937	0.26	0.02	0.04	0.26	1
15	砂质泥岩	2	2.0	846	17.08	0.86	1.28		1	1.0	828	2.05	0.05	0.21		1
14	细砂岩	6.1	6.0	746	50.46	2.88	4.32		1	3.0	846	6.16	0.31	0.46		1
13	粉砂岩	2.8	3.0	728	25.23	0.72	2.88		1	1.5	828	3.08	0.08	0.31		1
12	K$_2$石灰岩	5.5	6.0	755	50.46	3.6	3.6		1	3.0	746	6.06	0.35	0.52		1
11	14 号煤	0.8	1.0	928	4.32	0.19	0.77		1	0.5	937	0.52	0.03	0.08	0.52	1
10	泥岩	1.7	1.5	837	12.81	0.48	1.13		1	1.0	946	2.08	0.09	0.14		1
9	粉砂岩	1	1.0	728	8.41	0.24	0.96		1	0.5	828	1.03	0.03	0.10		1
8	14$_下$号煤	0.8	1.0	928	4.32	0.19	0.77	4.33	1	0.5	937	0.52	0.03	0.08	0.52	1
7	砂质泥岩	3.7	4.0	846	34.16	1.72	2.56		2	2.0	828	4.11	0.10	0.41		2
6	粉砂岩	3	3.0	728	25.23	0.72	2.88		2	1.5	846	3.08	0.15	0.23		2
5	中砂岩	7.1	7.0	737	58.87	2.52	5.88		2	3.5	837	7.18	0.28	0.63		2
4	泥岩	0.5	0.5	837	4.27	0.16	0.38	2.165	1	0.5	946	1.04	0.05	0.07		1
3	15 号煤	4.4	4.5	928	19.44	0.86	3.47		1	2.25	937	2.34	0.16	0.36	2.34	1
2	铝质泥岩	0.2	0.0	828	0.00	0.00	0.00		0	0.0	937	0.00	0.00	0.00		0
1	砂质泥岩	2.4	2.0	846	17.08	0.86	1.28		1	1.0	828	2.05	0.05	0.21		1

3.1.4　测试仪表及测点布置

1）测试仪表

底板应力分布规律采用 CL-YB-114 测力传感器（尺寸为 20cm×4.7cm×4.5cm）测试，通过 36 路压力计算机数据采集系统进行处理（图 3.1）。覆岩中的应力分布规律采用电阻应变式微型压力盒（厚 6mm，直径 28mm）测试，通过 YJ-31 型静态电阻应变仪测试直接人工读取数据（图 3.2）。

图 3.1　36 路压力计算机数据采集系统

图 3.2　YJ-31 型静态电阻应变仪

2) 位移测点布置

M-01(走向)模型布置了 10 条测线,其中第 1～3 条测线分别布置了 24 个测点,第 4～10 条测线分别布置了 20 个测点(图 3.3;表 3.5)。M-02(倾向)模型共布置 7 条测线,每条分别设置 14 个测点(表 3.5;图 3.4)。

图 3.3　走向模型位移测点布置图

图 3.4　倾向模型位移测点布置图

表 3.5　位移测点布置图

M-01(走向)模型						M-02(倾向)模型				
测线编号	测点数	第1测点距切眼/m	测点间距/m	距15号煤层顶板/m	布置层位	测线编号	测点数	测点间距/m	距15号煤层顶板/m	布置层位
1	24	10	10	5.0	中砂岩	1	14	8	11.0	K_2石灰岩
2	24	10	10	13.5	14下号煤	2	14	8	19.0	13号煤
3	24	10	10	20.5	K_2石灰岩	3	14	8	24.0	砂质泥岩
4	20	30	10	32.5	细砂岩	4	14	8	30.0	K_4石灰岩
5	20	30	10	44.5	砂质泥岩	5	14	8	37.5	9号煤
6	20	30	10	56.5	K_4石灰岩	6	14	8	44.5	细砂岩
7	20	30	10	73.5	9号煤	7	14	8	54.5	中砂岩
8	20	30	10	82.5	砂质泥岩					
9	20	30	10	97.5	泥岩					
10	20	30	10	109.5	中砂岩					

3) 应力测点布置

M-01(走向)、M-02(倾向)模型底部分别布置 60、25 块应力传感器(图 3.3,图 3.4),测定采空区及煤层应力,覆岩中均布置 3 条应力观测线(图 3.5,图 3.6),共 20 个测点(表 3.6)。

表 3.6　模型覆岩应力测点布置

M-01(走向)模型					M-02(倾向)模型				
测线编号	测点编号	与切眼距离/m	与15号煤层顶板距离/m	布置层位	测线编号	测点编号	与进风巷距离/m	与15号煤层顶板距离/m	布置层位
第一排	1~7	60~180间距20	44.5	砂质泥岩	第一排	1~7	10~190间距30	44.5	砂质泥岩
第二排	8~14	70~165间距15	73.0	9号煤层	第二排	8~14	20~170间距25	73.0	9号煤层
第三排	15~20	100~150间距10	113.0	中砂岩	第三排	15~20	30~170间距28	113.0	中砂岩

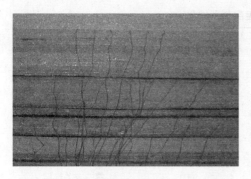

图 3.5　走向模型覆岩应力测点布置图　　　图 3.6　倾向模型覆岩应力测点布置图

3.1.5　模型的制作

（1）按已计算好的模型中各分层材料所需量（表 3.4），称出相应配料的质量，并将各种配料装在一个搅拌装置内进行搅拌。

（2）将搅拌均匀的材料倒入模型支架上，用铁块将装好的料夯实。然后用壁刀在其表面隔 3～5cm 划上岩石自然裂隙，再撒上一层云母粉以模拟层面。

（3）依次序将其他岩层按以上步骤装好，直到所有岩层都装到架子上为止。

（4）等模型干了以后，在其表面用大头针插上测标，M-01（走向）模型铺设高度为 1.34m，M-02（倾向）模型铺设高度为 0.82m，倾角 8.5°。

（5）对于模型上未能模拟的岩层厚度，采用加配重的方式实现。

3.2　采动覆岩移动规律分析

3.2.1　采动覆岩关键层的确定

采场上部覆岩是一系列岩层的有序组合，而层状组合中有一层或几层较为坚硬的厚岩层对控制整个上覆岩体的变形与破坏起主要的作用，这种坚硬的岩层称为关键层（key stratum），且多数上覆岩层中的关键层不止一层。当某一关键层破断时，其与上部全部岩层的下沉变形相互协调一致的，称其为主关键层；而把与局部岩层下沉变形一致的，则称为亚关键层[43~45]。工作面初采时，直接顶不规则垮落形成的散体堆积高度不能完全充满采空区，随工作面的推进，垮落高度增大，老顶岩层中所形成的结构因垮落或回转变形逐渐失去平衡而垮落。在煤层开采时，垮落和回采空间的增大使煤层顶板岩层不能形成稳定结构，而成分层垮落。根据钱鸣高院士的关键层理论以及本次实验现象可知，在本次实验范围内的煤岩层共有八层关键层，如表 3.7 所示。

表 3.7 关键层判别结果

岩层编号	岩性	破断时推进距/m	关键层
40	中砂岩	弯曲未断	主关键层
39	泥岩	明显弯曲未断	第七亚关键层
35	砂质泥岩	170	第六亚关键层
27	K₄石灰岩	142	第五亚关键层
22	砂质泥岩	118	第四亚关键层
14	细砂岩	95	第三亚关键层
12	K₂石灰岩	85	第二亚关键层
5	中砂岩	31	第一亚关键层

3.2.2 采动覆岩下沉规律分析

煤层开采后,在采空区上方的覆岩由弹性状态逐渐向塑性转变,当工作面推进到一定距离时,其上覆岩体发生移动、破断及垮落,从而形成竖三带(即垮落带、断裂带和弯曲下沉带),在垮落带岩层断裂成块状,杂乱堆放,在断裂带断裂岩层产生变形、断裂和裂隙,在弯曲带岩层整体结构基本上未受到破坏。图 3.7、图 3.8 为走向模型随工作面不同的推进距离各测点的下沉值,图 3.9 为倾向模型各测点的下沉值。

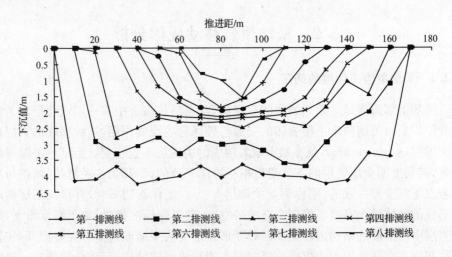

图 3.7 推进 170m 时各测点的下沉

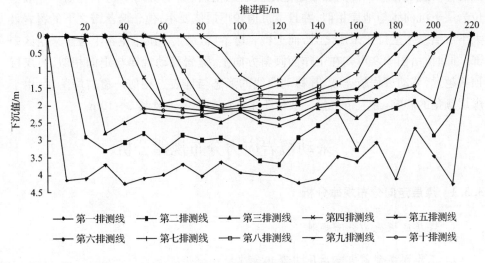

图 3.8　推进 220m 时各测点的下沉量

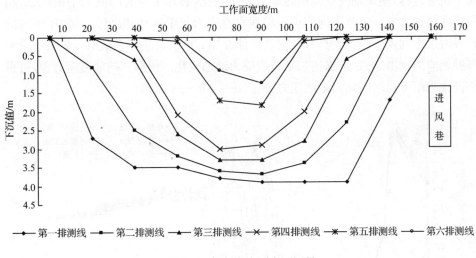

图 3.9　倾斜方向测点下沉量

从图 3.7、图 3.8 可看出,第一排到第三排曲线间距较大,第四排与第十排之间曲线间距逐渐减小,可认为第三排测线下方为垮落带,第十排测线下方为断裂带。位于断裂带及弯曲下沉带范围内的覆岩,在采动过程中都经历一个连续的动态下沉移动过程,且离煤层顶板越远,移动过程越连续,其移动曲线的形态与地表点的移动过程相似。而离煤层越近的覆岩垮落后,其下沉曲线越不规则。一般上位岩层下沉曲线与地表相似,并且下沉值较下层位要小;位于垮落带之下的覆岩最大下沉值基本上位于来压之处,而上覆岩垮落后,最大下沉量基本上位于采空区中部。同时,由图 3.9 可知在工作面倾斜方向上,覆岩移动规律与走向相似,离煤层顶板越远,移动过程越连续,其移动曲线的形态与地表点相似。覆岩垮落后,由于煤层倾角的影响,最大下沉量一般位于采空区中部偏进风巷 5~10m。

3.3　采动覆岩应力分布规律分析

3.3.1　煤层走向分布规律分析

1. 煤层底板应力分布规律

1) 工作面煤壁前方支承压力变化规律

采煤工作面在正常推进过程中,采空区覆岩自下而上依次发生垮落、离层、弯曲下沉等过程,使采场一定范围内应力发生变化,破坏了原有的应力平衡状态,相应地在煤壁上方一定范围内的顶板出现垂直应力集中区和卸压区,在卸压区内的顶板岩层之间及层内产生具有一定规律的裂隙。以应力集中系数(K,开采后应力与原始应力比值)来定量描述采动覆岩应力动态变化。根据开挖前后应力值,可得不同推进距下煤层底板沿走向应力分布(图 3.10~图 3.13)。

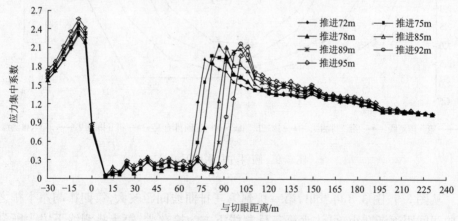

图 3.10　工作面推进 72~95m 时底板应力分布

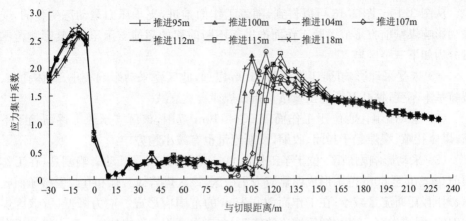

图 3.11　工作面推进 95～118m 时底板应力分布

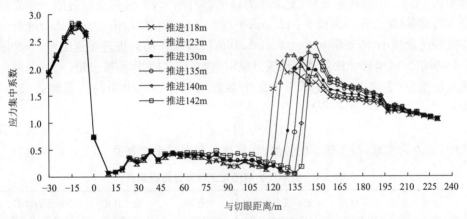

图 3.12　工作面推进 118～142m 时底板应力分布

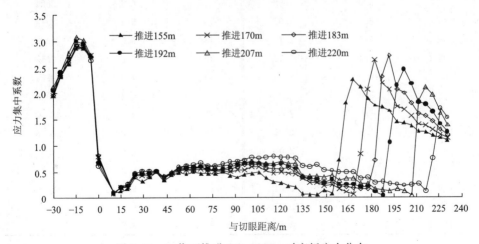

图 3.13　工作面推进 155～220m 时底板应力分布

从图 3.10～图 3.13 可以得到,随着工作面推进,支承压力是动态变化的,受采动影响煤壁前方形成了随工作面推进而不断前移的超前支承压力,其影响范围可分为如下三个区域。

(1) 未受采动影响区:工作面前 110m 以远,此区受采动影响较小,煤体孔隙、裂隙基本不变,钻孔瓦斯涌出量按负指数规律自然衰减。

(2) 采动影响区:位于工作面前 60～110m 范围,该区支承压力逐渐趋于下降,煤体孔隙、裂隙趋于封闭、收缩,瓦斯流量也有减小趋势。

(3) 采动影响剧烈区:位于至工作面 60m 范围,此区受采动影响剧烈,在工作面前 0～5m 至 60m 范围形成明显应力集中区,该区煤岩体裂隙和孔隙受挤压而收缩、封闭,瓦斯流量减小;在工作面前 0～5m 的范围内形成一应力降低区,该区煤体破碎、裂隙发育,产生"卸压增流效应"。在工作面前方形成的支承压力峰值逐渐增加(表 3.8),但每次来压后,支承压力峰值都有所降低,极值点位置随工作面推进不断前移(距工作面距离 5～13.4m,平均 8.8m)。在切眼附近支承压力峰值的位置变化量较小(距切眼 9.6～14.4m),其值随着工作面的推进而逐渐增加,如图 3.14 所示。应用数学软件对支承压力集中系数(K)与工作面推进距(x)的关系曲线进行拟合(表 3.9),则支承压力集中系数与工作面推进距的关系如式(3.3)所示。

$$K = a(1 - e^{-bx}) \tag{3.3}$$

式中,a、b 为常数,与工作面的长度、煤层埋深和煤层厚度有关。

表 3.8　支承压力峰值与工作面推进距关系

工作面推进距/m	与工作面距离/m	支承压力峰值处应力集中系数	工作面推进距/m	与工作面距离/m	支承压力峰值处应力集中系数
72	5.0	1.92	123	6.8	2.24
75	6.8	1.97	130	9.4	2.15
78	8.6	2.14	135	9.2	2.28
85	6.4	2.12	140	9.0	2.45
89	12.0	2.08	142	7.0	2.21
92	9.0	2.17	147	6.3	2.29
95	6.0	2.07	150	13.4	2.30
100	5.8	2.21	155	13.2	2.26
104	11.4	2.04	170	12.6	2.63
107	8.4	1.99	183	9.2	2.71
112	8.2	2.04	192	9.2	2.46
115	10.0	2.25	207	9.2	2.11
118	7.0	2.10	平均	8.8	

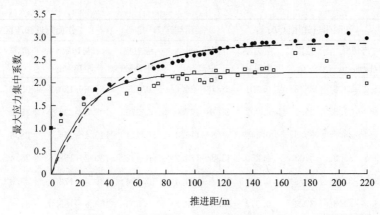

图 3.14　最大应力集中系数与工作面推进距关系

表 3.9　最大应力集中系数与工作面推进距拟合曲线

序号	位置	关系表达式	相关系数 R^2
1	切眼侧	$K = 2.86 \times (1 - e^{-0.027 \times x})$	0.889
2	工作面侧	$K = 2.21 \times (1 - e^{-0.044 \times x})$	0.733

2) 采空区底板支承压力变化

煤层开采后,采空区底板上的支承压力明显降低,初次来压前支承压力近似为零,当下位关键层破断垮落后,使采空区重新被充填和压实,从而使采空区的支承压力有所回升;在上位关键层垮落之前,采空区上的支承压力上升较为缓慢,这是由于松散的岩石在自重等作用下慢慢地被重新压实。而当上位关键层初次垮落后,由于关键层的不断垮落,采空区的支承压力有明显的上升。采空区底板上的支承压力分布规律大致也可归纳为三个区域(表 3.10)。

表 3.10　采空区支承压力分布

工作面推进距/m	切眼附近卸压区 A_1			压实区 B			工作面附近卸压区 A_2		
	与切眼距离/m	范围/m	应力集中系数	与切眼距离/m	范围/m	应力集中系数	与切眼距离/m	范围/m	应力集中系数
85	$-2 \sim 33.8$	35.8	0.165	$33.8 \sim 57.8$	0.245		$57.8 \sim 87.6$	29.8	0.190
95	$-2 \sim 33.8$	35.8	0.176	$33.8 \sim 72.4$	0.294		$72.4 \sim 97.2$	24.8	0.199
107	$-2 \sim 33.8$	35.8	0.194	$33.8 \sim 81.8$	0.337		$81.8 \sim 110.6$	28.8	0.249

工作面推进距/m	切眼附近卸压区 A_1			压实区 B		工作面附近卸压区 A_2		
	与切眼距离/m	范围/m	应力集中系数	与切眼距离/m	应力集中系数	与切眼距离/m	范围/m	应力集中系数
118	$-2\sim33.8$	35.8	0.201	$33.8\sim86.6$	0.353	$86.6\sim120.2$	33.6	0.206
130	$-2\sim33.8$	35.8	0.222	$33.8\sim105.0$	0.370	$105.0\sim133.2$	28.2	0.235
142	$-2\sim33.8$	35.8	0.240	$33.8\sim115.4$	0.414	$115.4\sim144.2$	28.8	0.173
155	$-3.5\sim33.8$	37.3	0.250	$33.8\sim130.2$	0.432	$130.2\sim158.6$	28.4	0.117
170	$-3.5\sim33.8$	37.3	0.299	$33.8\sim139.4$	0.494	$139.4\sim173.0$	33.6	0.185
183	$-3.5\sim33.8$	37.3	0.312	$33.8\sim153.8$	0.503	$153.8\sim185.0$	31.2	0.193
192	$-3.5\sim33.8$	37.3	0.319	$33.8\sim163.6$	0.524	$163.6\sim193.6$	30.0	0.182
207	$-3.5\sim33.8$	37.3	0.347	$33.8\sim178.5$	0.539	$178.5\sim209.2$	30.7	0.184
220	$-3.5\sim33.8$	37.3	0.348	$33.8\sim187.6$	0.594	$187.6\sim221.0$	33.4	0.233
平均		36.55					30.11	

(1) 卸压波动区,工作面附近大约 $-3.6\sim30.6m$(A_2 区,平均 30.11m)的范围,此区随着工作面的推进,覆岩的不断垮落,支承压力呈波动变化,由于该区垮落岩体只受较小支承压力,空隙空间较大,工作面漏风量较大,区内瓦斯的稀释和运移程度较大。

(2) 卸压增大区,距离工作面 24.8m 至距离切眼 33.8 的中间区域里(B 区)的范围,破碎岩体压实程度几乎相当,各处支承压力值比较接近,该区空隙空间被严重压缩,工作面漏风很难影响到这个区域,瓦斯运移较为困难。

(3) 卸压缓慢变化区,在距离切眼 $-3.5\sim33.8m$ 的范围(A_1 区,平均 36.55m)内,在煤壁支撑作用下,也形成一个支承压力较小的区域,此区裂隙同样较为发育,但由于远离工作面,漏风影响很小。

由表 3.11 还可得到,A_1 区及 B 区在主关键层弯曲破断前,随着工作面推进支承压力的均值逐渐增加,但 A_1 区域增加速度较 B 区小,当主关键层弯曲破断后,A_1 区及 B 区同 A_2 区一样,支承压力随着工作面推进在一定范围内上下波动。

2. 顶板覆岩应力分布规律

根据覆岩应力盒所测数据,可得到距煤层不同高度下,顶板覆岩应力随工作面推进的变化规律(图 3.15～图 3.17)。

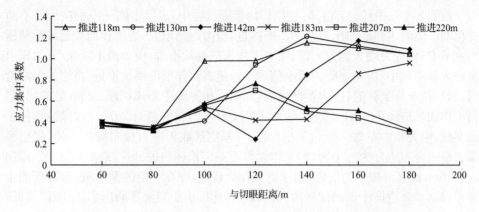

图 3.15　工作面推进 118～220m 时第一排测线应力变化规律

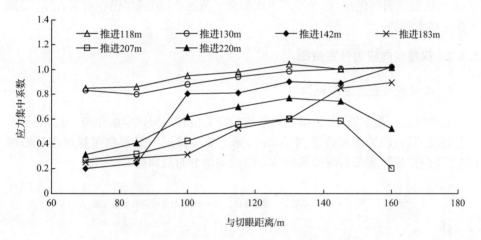

图 3.16　工作面推进 118～220m 时第二排测线应力变化规律

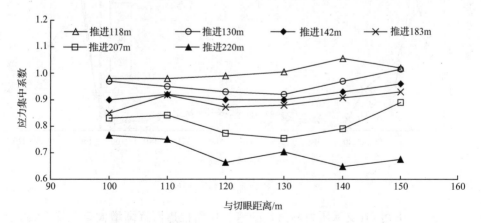

图 3.17　工作面推进 118～220m 时第三排测线应力变化规律

　　由图 3.15～图 3.17 可知：在工作面推进过程中,岩层中同一点的应力是不断变化的。随着工作面向压力盒的不断推进,应力逐渐增大,当工作面接近或推到压力盒下方时,应力增大到最大值;随着工作面的继续推进,应力值不断减小,当压力盒进入采空区中,应力下降为最小值;此后,随着工作面的继续推进、覆岩的不断垮落,当其位于压实区时,应力不断增大(如第一排测线中距离切眼 120m 处的测点,当工作面推进到 142m 时,应力集中系数仅为 0.2,当推进到 207m 时,该测点位于压实区,应力集中系数达到 0.7 左右)。与采空区底板应力分布规律一样,采空区覆岩应力分布也分为三个区,即工作面附近一定范围内的卸压波动区(A_2 区,范围 20～40m,此区裂隙较为发育,由于离工作面较近,存在一定的漏风流,是瓦斯的主要运移区),采空区中部的卸压增大区(B 区,此区由于裂隙逐渐压实,空隙度较低,瓦斯运移较难),以及切眼前方一定范围内的卸压缓慢变化区(A_1 区,范围 30～35m,此区裂隙仍可保持,由于远离工作面漏风流很小,但遗煤仍在解吸瓦斯,瓦斯浓度呈增大趋势)。

3.3.2　煤层倾向应力分布规律

1. 煤层底板应力分布规律

　　根据倾向模型实验中,关键层垮落前后应力值和与回风巷的距离,可得到第五亚关键层垮落(即工作面推进到 142m)、第七亚关键层明显弯曲接触垮落矸石时(即工作面推进到 192m)时的底板应力沿倾向的分布规律(图 3.18)。

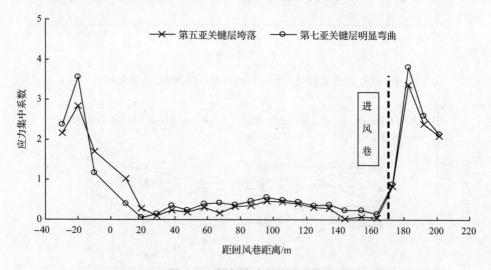

图 3.18　沿倾向底板应力分布

　　由图 3.18 可知,支承压力峰值是随着工作面推进而逐渐增大直至稳定,由于煤层倾角影响,进风巷附近的支承压力峰值大于回风巷附近(如第七层亚关键层接触垮落矸石后,回风巷附近的最大应力集中系数为 3.55,进风巷附近为 3.82)。采空区底板应力分布分为三个区域,回风巷附近(距回风巷-5～24m)与进风巷附近(距回风巷 148～171m)为卸压波动区,这两个区域支承压力较原始压力大大减小,支承压力随工作面推进在一范围内上下波动,裂隙发育,垮落矸石空隙度较大,是瓦斯的主要运移区。采空区中部为卸压增大区,由于垮落覆岩的不断压实,应力逐渐增大,但小于原始应力。

2. 顶板覆岩应力分布规律

根据覆岩应力盒所测数据,可得到距煤层不同高度下,顶板覆岩应力的分布规律(图 3.19)。由该图可知:采空区覆岩应力沿倾向分布与沿走向一样也分三个区,即进风巷、回风巷一定范围内的卸压波动区(回风巷附近 20～25m,进风巷附近19～23m,此区裂隙较为发育,空隙度大,是瓦斯的主要运移区),采空区中部的卸压增大区(此区裂隙逐渐压实,瓦斯运移较为困难)。

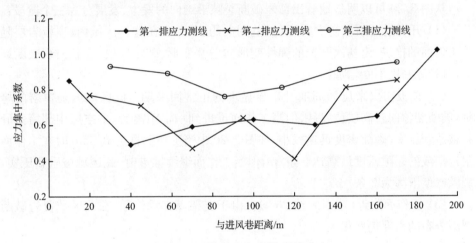

图 3.19　沿倾向顶板覆岩应力分布

3.4　采动覆岩裂隙动态演化规律

3.4.1　采动覆岩破断裂隙分布规律

1. 采动覆岩破断裂隙沿走向的分布规律

为定量描述采动裂隙的发育程度,以裂隙密度(条/m)表示裂隙的发展过程,根据实验数据,绘出破断裂隙密度沿走向的发展过程(图 3.20)。

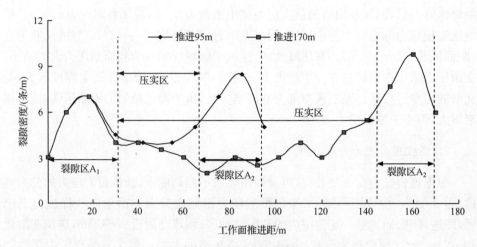

图 3.20　覆岩裂隙密度沿走向分布规律

从图 3.20 可以明显地看出覆岩破断裂隙沿走向的发生、发展分为三个阶段：

（1）开切眼到顶板初次来压前（范围大约 32m）。在这一区域内，顶板岩层随着工作面的推进，由初次开挖的弹性变形向塑性变形、破坏发展，直到出现破断裂隙，且裂隙密度不断增加。

（2）顶板初次来压后周期性矿压显现的正常回采期。此区域内随覆岩的垮落，破断裂隙向较高层位发展，但当工作面推进到一定距离后，采空区中部垮落矸石被重新压实，裂隙密度迅速减小，如图 3.20 中当工作面推进到 95m 时在工作面附近形成的裂隙密度最高达 9 条/m，但当工作面继续推进时，此区域被重新压实，裂隙密度下降为 3 条/m。

（3）工作面附近（范围大约 26m）。由于支架等支承作用，在此区域覆岩破断裂隙分布的密度仍然很大。

2. 采动覆岩破断裂隙沿倾向的分布规律

根据实验数据，绘出破断裂隙密度沿倾向的发展过程（图 3.21）。从图 3.21 可以看出覆岩破断裂隙沿倾向也分为三个阶段：采空区中部（范围大约 123m）垮落的矸石趋于压实，而进风巷（范围大约 24m）和回风巷（范围大约 21m）附近仍各自保持一个裂隙发育区，沿工作面倾向分布呈驼峰状，同时还可以得到，回风巷附近的裂隙密度大于进风巷附近。

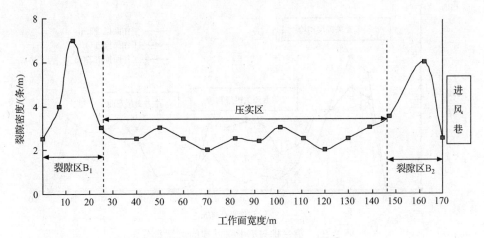

图 3.21 覆岩裂隙密度沿倾向分布规律

3.4.2 采动覆岩离层裂隙动态演化规律

1. 采动覆岩离层沿走向分布规律

以离层量 B_q(bed-separated quantity,相邻岩层间的离层厚度,m)、离层率 r_b(bed-separated ratio,单位厚度岩层内离层量 B_q,mm/m 或‰)来定量描述采动过程中覆岩离层的动态变化。根据工作面各测点的下沉值和其间距离,可得第三排测线与第七排测线间的覆岩离层率、离层量分布(图 3.22,图 3.23),工作面推进到 118m、142m、170m 及 220m 各关键层间的离层率、离层量分布(图 3.24~图 3.27)。

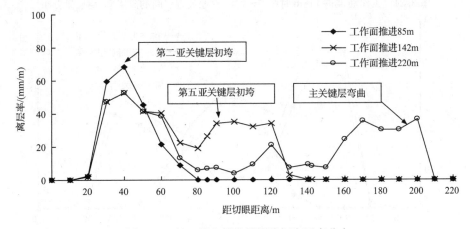

图 3.22 第三排与第七排测线间离层率分布

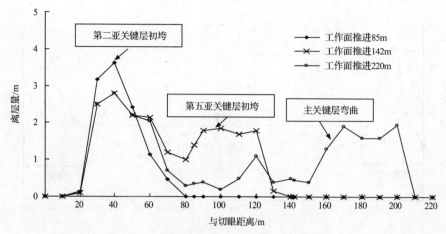

图 3.23　第三排与第七排测线间离层量分布

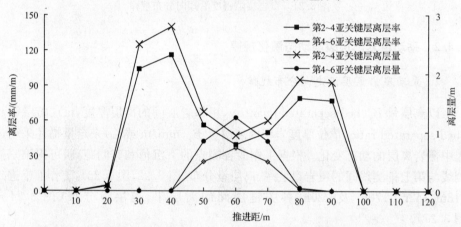

图 3.24　工作面推进 118m 时第 2～4、4～6 亚关键层间的离层率、离层量分布

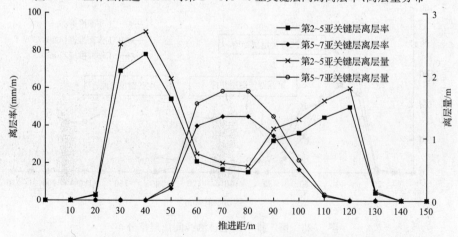

图 3.25　工作面推进 142m 时第 2～5、5～7 亚关键层间的离层率、离层量分布

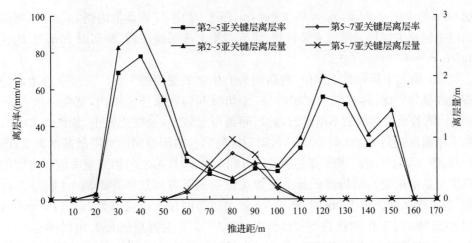

图 3.26　工作面推进 170m 时第 2~5、5~7 亚关键层间的离层率、离层量分布

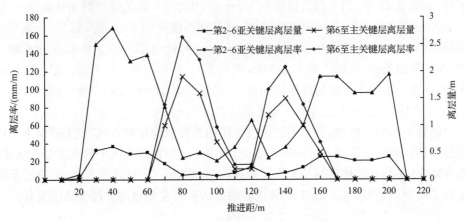

图 3.27　工作面推进 220m 时第 2~6 亚关键层、第 6 至主关键层间的离层率、离层量分布

由图 3.22~图 3.27 可得,在开采过程中根据主关键层及相邻亚关键层是否破断,离层裂隙沿走向分布总体呈现两大阶段、两个层位以及三个区域特征。

1) 阶段一(主关键层接触垮落矸石前)

在主关键层未垮落前,开切眼到第一亚关键层的初次垮落,随着工作面的推进,上位亚关键层下方出现离层。根据初次垮落的亚关键层的位置,离层沿走向分布呈现两个层位的不同特征。

(1) 第一个层位是上层位:垮落的最上位亚关键层的上部。离层率沿走向分布曲线呈倒"V"状,采空区中部离层最为发育,且基本上是位于各自走向采长的中部(如图 3.20、图 3.21 中,当工作面推进到 85m 时,垮落的最上位亚关键层是第二亚关键层,距切眼 40m 处 $B_q = 3.62\mathrm{m}$,$r_b = 68.2\mathrm{mm/m}$;图 3.22 中,工作面推进到 118m 时,垮落的最上位亚关键层是第四亚关键层,第四与第六亚关键层间,距切眼 60m 处 $B_q=0.95$m，$r_b=39.8$ mm/m；图 3.23 中，工作面推进到 142m 时，垮落的最上位亚关键层是第五亚关键层，第五与第七亚关键层间，距切眼 70m 处 $B_q=1.5$m，$r_b=44.9$mm/m）。

（2）第二个层位是下层位：垮落的最上位亚关键层的下部。离层率沿走向分布曲线呈"M"状，具有三个区域特征：①切眼到初次来压范围内，宽度一般 30～35m。随着亚关键层的不断破断，此区间离层量较大，且变化较小（如图 3.23 中，当工作面推进到 142m 和 220m 时，第三排与第七排测线间的离层量基本未变；图3.24、图 3.25 中，当工作面推进到 142m 和 170m 时，第二与第五亚关键层之间的离层量基本未变），但垮落的最上位亚关键层的下方离层率逐渐减小（如图 3.24 中，当工作面推进到 118m 时，第 2～4 亚关键层间最大离层率为 $r_b=116$mm/m；图 3.25 中，当工作面推进到 142m 时，第 2～5 亚关键层间最大离层率为 $r_b=78$mm/m）；②经过多次来压后，采空区中部离层裂隙趋于压实，离层量及离层率均下降（如图 3.25 中，当工作面推进到 142m 时，第 2～5 亚关键层间距切眼 70m 处 $B_q=0.6$m，$r_b=22.6$mm/m；图 3.25 中，当工作面推进到 170m 时，第 2～5 亚关键层间距切眼 90m 处 $B_q=0.34$m，$r_b=9.7$mm/m），此范围随着工作面推进不断加大；③工作面附近（宽度一般 20～31m，大约 2～3 倍周期来压），覆岩离层裂隙仍能保持，此区范围随工作面推进不断前移，离层量及离层率也是动态变化的。

2）阶段二（主关键层接触垮落矸石后）

随着工作面的推进，当主关键层发生弯曲并接触垮落矸石后，主关键层下部离层分布规律类似于阶段一中的第二层位，即主关键层在采空区中部离层趋于压实，而在采空区两侧（即切眼侧与工作面侧）仍各自保持一个裂隙发育区，关键层下离层沿走向分布呈"M"状（如图 3.23 中各曲线）；而在主关键层上部少离层发育。

2. 采动覆岩离层沿倾向分布规律

根据工作面倾向各测点下沉值及间距，可得到岩层移动未达到及达到主关键层时，测线之间的离层量与离层率在工作面倾向的分布曲线，如图 3.28 和 3.29 所示。

由图 3.28、3.29 可知，工作面沿倾向方向的离层分布规律相似于沿走向方向，也可分为两个阶段、两个层位及三个区域。

1）阶段一（主关键层接触垮落矸石前）

随着工作面不断推进，岩层移动、破坏及垮落的层位不断向上发展，当覆岩移动未达到主关键层时，垮落的最上位亚关键层下部离层分布呈"M"状（如图 3.28、图 3.29 中覆岩移动未达到主关键层时 1～4 排的离层量与离层率的分布曲线），回风巷附近裂隙区宽度大约 24m，进风巷附近裂隙区宽度大约 21m，采空区中部裂隙趋于压实。垮落的亚关键层与相邻上位亚关键层间离层分布如倒"V"状（如图

3.28、图 3.29 中覆岩移动未达主关键层时 4～6 排的离层量与离层率分布曲线)。

　　2) 阶段二(主关键层接触垮落矸石后)

　　当覆岩移动达到主关键层且发生明显弯曲接触垮落矸石后,主关键层在采空区中部离层趋于压实,而在采空区两侧(即进回风巷附近)仍各自保持一个裂隙发育区,主关键层下部离层分布呈"M"状(如图 3.28、图 3.29 中当覆岩移动达到主关键层时 1～4 排及 4-7 排的离层量与离层率的分布曲线)。

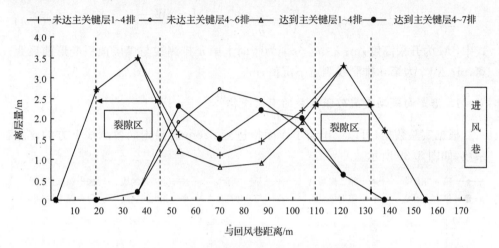

图 3.28　沿工作面倾向的离层量分布规律

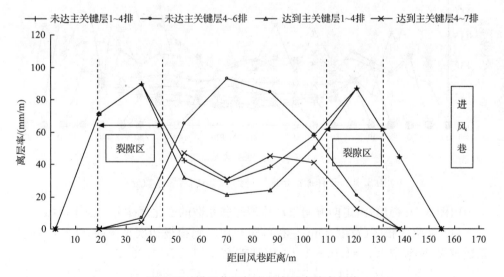

图 3.29　沿工作面倾向的离层率分布规律

3.4.3　采动覆岩碎胀特征分析

煤层开采后,覆岩受采动影响而破裂,由于岩体裂隙度大大增加以及岩块间接触的不密实而存在大量附加空隙,致使破裂后的岩体体积(V)大于密实不破坏状态下的岩体体积(V')。为描述采动破裂岩体的碎胀特征,采用碎胀系数(K_p)来表示,即

$$K_p \mid_n = \frac{V'}{V} = \frac{h'_n}{h_n} = 1 + \frac{M - \Delta W_n}{h_n} \tag{3.4}$$

式中,M 为开采高度,m;h_n、h'_n 分别为竖向上第 n 排测线与煤层顶板变形前后距离,m;ΔW_n 为第 n 排测线测点下沉值,m。

1. 沿走向采动覆岩碎胀系数的变化规律

根据实验数据,可以绘出当工作面推进到 220m 时沿走向各测线下方的碎胀系数,如图 3.30 所示。

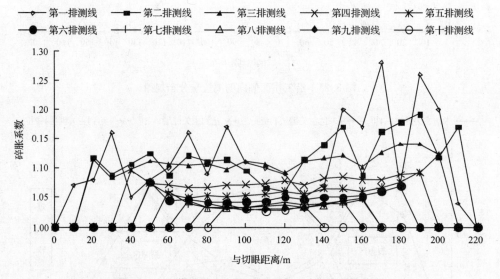

图 3.30　工作面沿走向推进到 220m 时碎胀系数分布

由图 3.30 得出,沿走向方向采动覆岩碎胀系数的变化规律分为三个区域:

(1) 切眼碎胀区(宽度 35m 左右),即开切眼到顶板初次来压前,此区内碎胀系数较大(垮落带 $K_p = 1.07 \sim 1.16$,断裂带 $K_p = 1.04 \sim 1.09$);

(2) 中部压实区,经过多次来压后,采空区中部垮落矸石被压实,形成采空区中部压实区,此区内碎胀系数小(垮落带 $K_p = 1.05 \sim 1.12$,断裂带 $K_p = 1.02 \sim 1.07$);

（3）工作面碎胀区（宽度 25m 左右），即工作面附近由于煤壁等的支承作用，此区碎胀系数仍然很大（垮落带 $K_p = 1.11 \sim 1.28$，断裂带 $K_p = 1.045 \sim 1.09$），一般此区碎胀系数大于切眼附近。

2. 沿倾向采动覆岩碎胀系数的变化规律

根据实验数据，可以绘出当工作面沿倾向各测线下方的碎胀系数，如图 3.31 所示。由该图也可得出，沿倾向方向采动覆岩碎胀系数也分为三个区：

（1）回风巷侧碎胀区（宽度 24m 左右），此区内碎胀系数大（$K_p = 1.06 \sim 1.14$）；

（2）中部压实区，此区内碎胀系数小（$K_p = 1.03 \sim 1.05$）；

（3）进风巷侧碎胀区（宽度 21m 左右），此区碎胀系数仍然很大（$K_p = 1.05 \sim 1.12$），但小于回风巷附近。

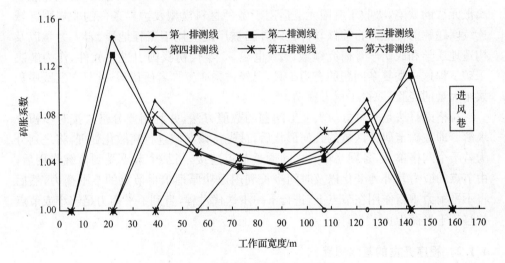

图 3.31　工作面沿倾向碎胀系数分布

第4章 采动覆岩卸压范围及分布形态的数值模拟

4.1 基于 FLAC^{3D} 的煤层开采前处理程序的开发

4.1.1 FLAC^{3D} 软件简介

FLAC^{3D}（fast lagrangian analysis of continua，即连续介质快速拉格朗日分析）是一种基于拉格朗日差分法的一种显式有限差分程序，由美国 Itasca 公司于 20 世纪 80 年代开发并于 20 世纪 90 年代得以广泛利用，它与离散元法相似，但克服了离散元法的缺陷，吸收了有限元法适用于各种材料模型及边界条件的非规则区域连续问题解的优点。目前该软件在国外已被广泛应用于工程地质、岩土力学以及构造地质学和成矿学等研究领域。20 世纪 90 年代初我国引进该软件，作为解决采矿工程这一类复杂问题的有力工具，已经被采矿工作者所认识，并且在实践中积累了大量的经验，取得了很大成功。

拉格朗日法是一种分析大变形问题的数值方法，并利用差分格式按时步积分求解。即在确定研究区域的几何形状后，首先将该区域进行离散化处理，将之划分为若干个网格单元，各网格单元之间通过节点连接，当某个节点受到荷载作用后，由节点的应力和外力变化以及时间步长利用虚功原理求得节点的不平衡力，然后将不平衡力重新作用在节点上，进行下一步迭代过程，直到不平衡力足够小或节点位移趋于平衡为止[242~244]。

4.1.2 程序开发的基本思路

FLAC^{3D} 作为有限差分计算软件，尽管功能强大，但是由于该软件在建立计算模型时仍然采用键入数据/命令行文件方式，对用户输入的数据，并不能直接判断其合理性、正确性，并且 Fish 语言具有其独特的源代码表达方式，使得 FLAC^{3D} 程序操作起来比较费力、耗时，这也是直接造成三维模拟计算周期长、难度大的主要原因。因此，为了解决工程中的实际问题，实现更快速、更便捷地建立煤层开采覆岩应力分析的 FLAC^{3D} 计算模型，充分发挥其强大的计算处理功能，本书在 FLAC^{3D} 软件初始单元模型的基础上，采用 Visual C++6.0 语言编写了煤层开采 FLAC^{3D} 的前处理程序——FLAC^{3D} Mining Pre-Processing Package。

程序接受用户输入模型岩层物理力学参数、几何参数、边界条件和初始条件等，分析这些数据的正确性及合理性，通过算法生成 FLAC^{3D} 建模所需的各项数据并将其保存到文件中。程序可自动调动 FLAC³ᴰ,通过 FISH 函数调用已存文件中的数据进行建模、运算并保存结果,各项数据取出分析后以表格和图形的方式显示供用户查看,程序流程如图 4.1 所示。

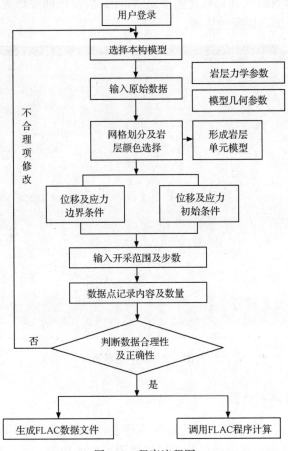

图 4.1　程序流程图

具体步骤为:

(1) 选择本构模型,并输入相应的岩层物理力学参数,如岩性、厚度、密度、弹性模量、泊松比、内聚力、内摩擦角、抗拉强度等。

(2) 输入模型基本参数,包括模型长、宽及倾角,模型高度自动生成。

(3) 对各岩层进行有限差分网格划分。

(4) 输入位移、应力边界与初始条件。

(5) 确定重力方向及大小,并选择变形模式。

(6) 输入开采范围及开采步骤,并设置记录数据点的数量及记录内容。

(7) 选择自动生成 FLAC³ᴰ文件或自动调用 FLAC³ᴰ程序进行计算。

4.1.3　程序的主界面及功能模块

程序主界面如图 4.2 所示,图中各菜单即为本程序的功能模块,分别为用户登录、查看、覆岩参数输入、FLAC^{3D}模型建立、计算以及帮助等单元。本节只介绍各功能模块中需要加以说明的界面。

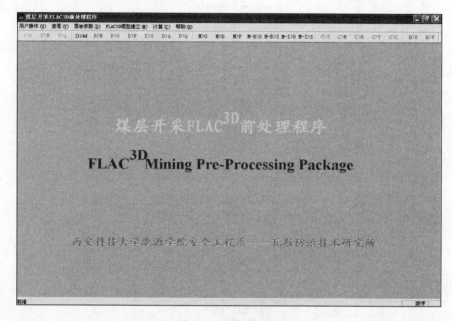

图 4.2　程序主界面

1. 用户操作单元功能

用户操作单元主要功能是结合系统注册表,实现只有授权用户才可能登录使用该程序,以及添加和删除授权及非授权使用用户的功能。主要包括用户登录和用户管理模块,如图 4.3、图 4.4 所示。

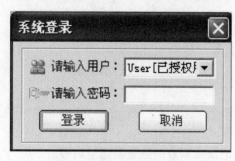

图 4.3　用户登录模块界面

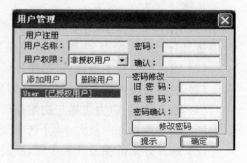

图 4.4　用户管理模块界面

2. 覆岩参数输入单元功能

覆岩物理力学参数包括两个功能,本构模型选择及相应的力学参数输入功能。

(1) 单元本构模型模块(图 4.5)。该模块主要是选择煤岩体的力学本构模型,FLAC³D提供了多种本构模型,在地下开采中常用的是弹性、摩尔-库仑、德鲁克-普拉格及应变硬化-软化和霍克-布朗等模型。

(2) 力学参数输入模块。主要功能是根据选择的本构模型,应用以 Active X技术为基础的 ADO(Active X Data Objects)数据库技术进行新建、打开或删除Access数据库,实现采动覆岩的物理力学参数的增加、修改及删除等功能。主要包括新建、打开、修改、查看、保存及另存数据等功能模块(图 4.6～图 4.7 为选择摩尔-库仑模型后,新建、打开及修改数据模块界面,图 4.8～图 4.9 为保存及另存数据文件模块界面)。

图 4.5　本构模型模块界面

图 4.6　新建与修改数据模块界面

图 4.7　打开数据模块界面

图 4.8　保存数据模块界面 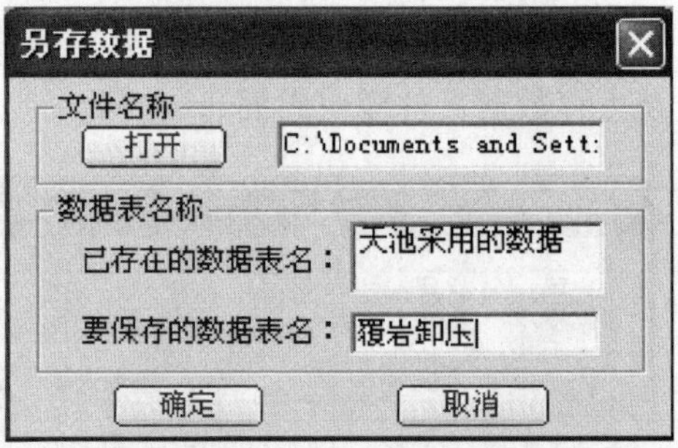　　　　　　图 4.9　另存数据模块界面

3. FLAC³ᴰ模型建立单元功能

FLAC³ᴰ模型建立单元主要包括以下几个模块:

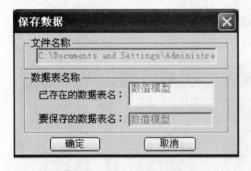

图 4.10　模型几何参数模块界面

（1）模型几何参数模块（图 4.10）。该模块主要是输入模型的走向长、倾向长及煤层倾角,模型高度根据煤岩层高度和煤层倾角程序可自动计算得到,这里将煤层走向设为 x 轴,煤层倾向设为 y 轴,垂直于工作面指向地面的方向设为 z 轴正向。点击确定按钮后,主界面就形成如图 4.11 所示的界面,主要是

方便用户在网格划分、边界条件、初始条件等操作中进行对应设置。

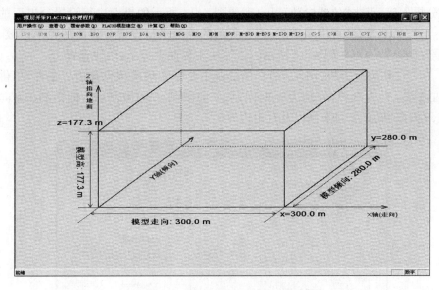

图 4.11　输入参数后程序主界面

（2）模型网格划分模块（图 4.12）。该模块主要是输入煤岩层在走向、倾向及垂直于工作面方向的网格数及颜色。点击确定按钮后，程序主要应用 FLAC^{3D} 中的 brick 单元体进行自动建模。

岩层序号	岩层性质	岩层走向	岩层倾向	岩层厚度	x方向网格	y方向网格	z方向网格	模型岩层
1	砂质泥岩	300.000000	280.000000	3	60	40	2	蓝色
2	15#煤	300.000000	280.000000	4.5	60	40	2	黑色
3	泥岩	300.000000	280.000000	1	60	40	1	青色
4	中砂岩	300.000000	280.000000	6.5	60	40	2	绿色
5	粉砂岩	300.000000	280.000000	3	60	40	1	棕色
6	砂质泥岩	300.000000	280.000000	4	60	40	2	红色
7	粉砂岩	300.000000	280.000000	1.5	60	40	1	蓝色
8	泥岩	300.000000	280.000000	2.5	60	40	1	青色
9	K2石灰岩	300.000000	280.000000	5	60	40	2	红色
10	粉砂岩	300.000000	280.000000	3	60	40	1	橙色
11	细砂岩	300.000000	280.000000	6	60	40	2	青色
12	砂质泥岩	300.000000	280.000000	2.5	60	40	1	品红
13	K3石灰岩	300.000000	280.000000	3	60	40	1	橙色
14	砂质泥岩	300.000000	280.000000	2	60	40	1	棕色

确定　　取消

图 4.12　模型网格划分界面

　　(3) 分界面参数设置模块(图 4.13)。该模块主要是设置煤岩体中的节理、断层、分界面等,点击"位置参数"可出现如图 4.14 所示的界面进行设置分界面的位置,点击"力学参数"可出现如图 4.15 所示的界面进行设置分界面的力学参数,所有设置的参数均可在图 4.13 所示的该模块主界面上显示,以便查看。

　　(4) 位移边界模块(图 4.16)。该模块主要是实现模型位移边界条件,可供选择的边界条件为八种,分别为 x 向限制、y 向限制、z 向限制、xy 向限制、xz 向限制、yz 向限制、xyz 向限制以及自由边界。

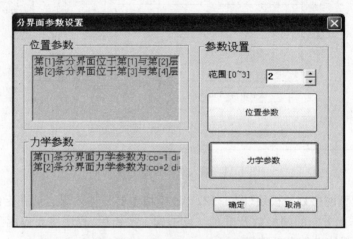

图 4.13　分界面参数设置模块界面

图 4.14　分界面位置参数设置界面

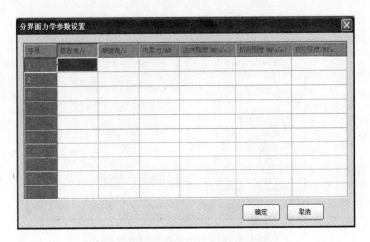

图 4.15　分界面力学参数设置界面

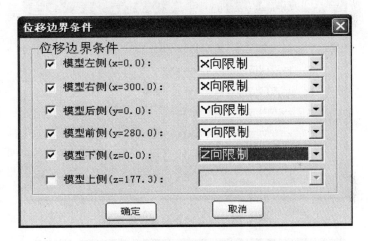

图 4.16　位移边界条件设置模块界面

　　(5) 应力边界模块(图 4.17)。该模块主要是实现模型应力边界条件,当选择有应力的边界,并点击相应的按钮,可出现图 4.18 的界面供输入应力条件,可供选择的应力条件为六种,分别为 sxx、sxy、sxz、syy、syz 及 szz 应力,点击"确认"按钮时相应边界的应力条件就可在图 4.17 中显示。

　　(6) 初始位移条件模块(图 4.19)。该模块主要是实现模型初始位移条件,位移初始化模式有两种选择方式,一是手动输入位移初始状态(如初始化位移的 x、y、z 轴范围,方向,数值及梯度变化等);二是由程序自动在所有方向自动计算初始化。

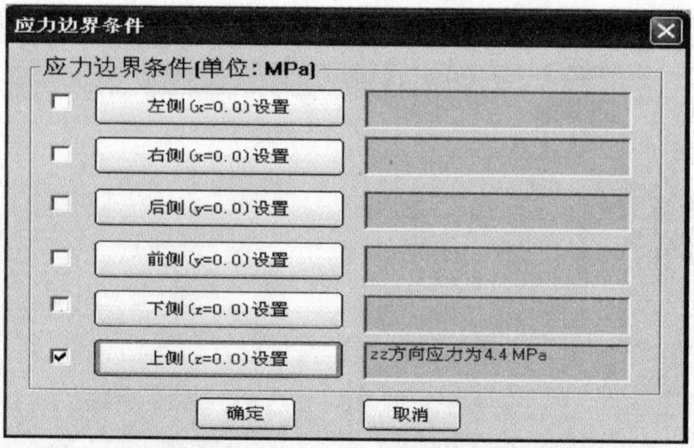

图 4.17　应力边界条件设置界面

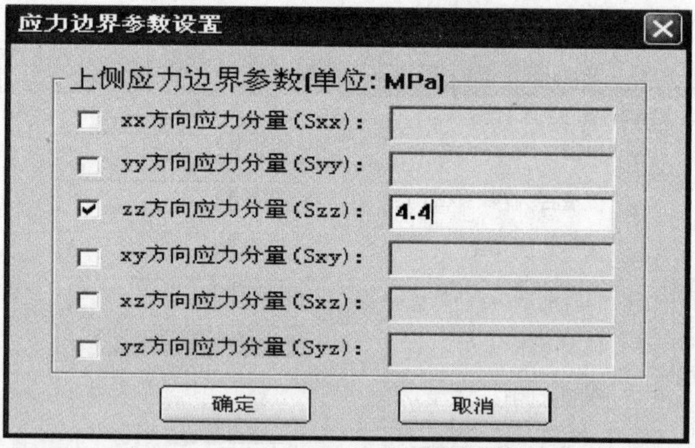

图 4.18　应力边界参数设置界面

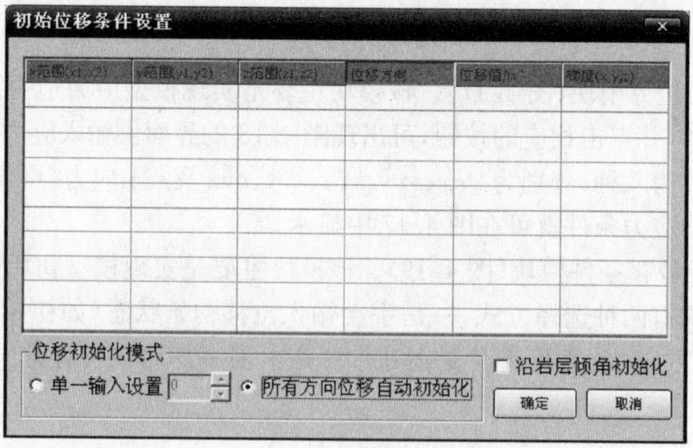

图 4.19　初始位移设置界面

(7) 初始应力条件模块(图4.20)。该模块主要是实现模型初始应力条件,应力初始化模式也有两种选择方式,一是手动输入应力初始状态(如初始化应力的x、y、z轴范围、方向、数值及梯度变化等);二是由程序自动在所有方向自动计算初始化。

图4.20　初始应力设置界面

4. 计算单元功能

计算单元主要包括计算参数设置、开采参数设置、数据点记录以及生成FLAC^{3D}文本文件等模块,各模块主要实现的功能为:

(1) 计算参数设置模块(图4.21)。该模块主要是设置计算时的精度、重力方向和数值、应变模型以及求解模式。

(2) 开采参数设置(图4.22)。该模块主要是设置开采煤层及其采高,进风巷与回风巷距边界距离,开切眼与停采线与边界距离,开采总步数及各开采步推进距。当设置正确后会在模块左边显屏上显示所设置内容,以便操作者查看。

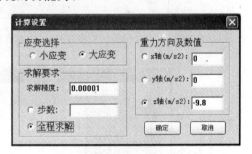

图4.21　计算参数设置模块界面

(3) 数据点记录模块(图4.23)。该模块主要是实现计算过程中要记录的数据点及其记录内容,数据点的坐标输入有两种模式,一是逐点输入法(图4.24),二是测线型输入法(图4.25),当输入测线起始点坐标及测点数量后,程序会自动计算所有测点的坐标;数据记录内容包括最大不平衡力、x向位移、y向位移、z向位移、sxx应力、sxy应力、sxz应力、syy应力、syz应力及szz应力等。当设置正确后会在模块左边显屏上显示所设置内容,以便查看。

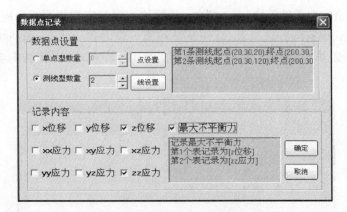

图 4.22　计算参数设置模块界面

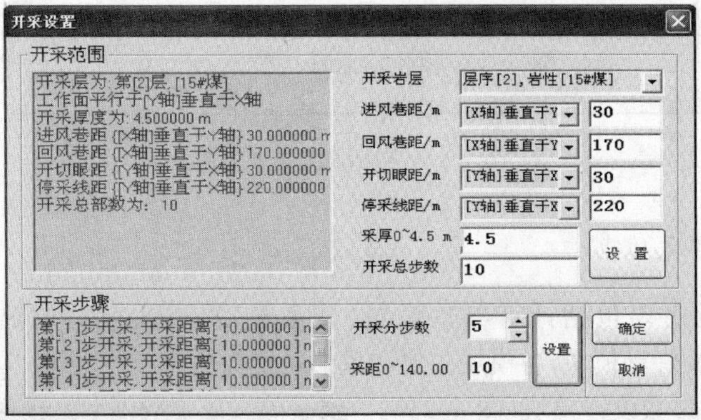

图 4.23　数据点记录模块界面

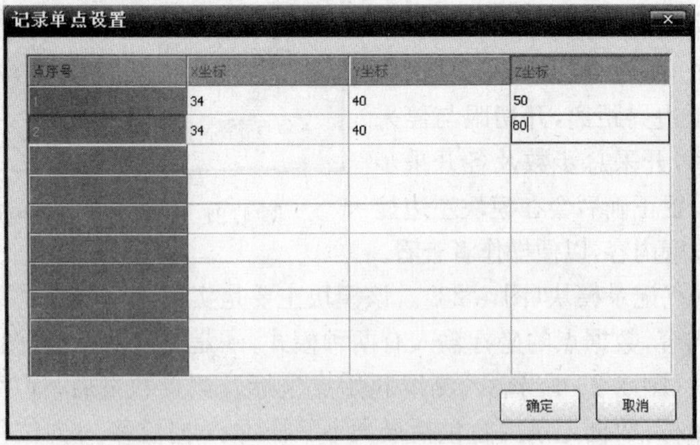

图 4.24　记录点设置界面

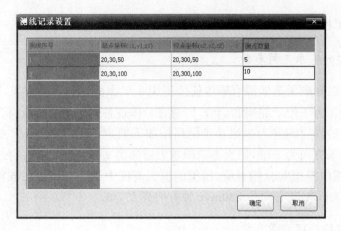

图 4.25 记录线设置界面

（4）生成 FLAC³ᴰ文件及自动计算模块。当所有设置完成后，如果程序判断操作者所有设置均正确后，可点击生成 FLAC³ᴰ文件或自动计算模块，如有不正确的地方，程序会给出错误信息，让操作者修改。生成 FLAC³ᴰ文件模块主要是应用 CFileDialog dlg（ ）命令将已生成的模型及设置内容自动输出到目标文件中，而自动计算模块则是程序在生成一个临时性文件后，自动调用 FLAC³ᴰ程序，并用 call 命令打开所保存临时性文件计算，初始平衡及各计算步状态均自动保存。

5. 帮助单元

该单元包括帮助模块及版本模块。帮助模块用于介绍本程序的有关理论、参数输入以及如何使用本程序，并用例题的形式给出整个设置过程，使用户能够很快熟悉本程序的使用，方便快捷地设置自己的问题；版本模块可查看程序版本号等。

4.2　计算模型的建立

4.2.1　基本假设

在数值模拟过程中，为了使计算结果更接近实际情况，对岩体介质性质、计算模型、矿山地质条件、受力条件、采煤工艺等都作了必要的假设。

（1）假设煤岩层为各向同性均质且符合摩尔-库仑弹塑性模型的介质。

（2）对地下工程开挖来说井工开采是一个空间问题，应采用三维空间计算模型更为合理。因此，计算模型为三维模型。

（3）为模拟方便，对采煤工作面的开挖步数等不予考虑，模拟时简化为实体。

（4）计算不考虑与时间有关的物理量。

4.2.2　计算模型的建立

1. 模型的基本几何参数

选择山西和顺天池能源有限责任公司 103 工作面作为研究对象,建立三维空间力学模型。为了便于建模和剖分,同时充分体现各岩层组合特征,将研究区内力学性质相近的岩层归并为一组。坐标系按如下规定:垂直煤层回采方向为 y 轴,平行煤层回采方向为 x 轴,铅直方向即重力方向为 z 轴,向上为正。根据这一坐标系规定,与相似模拟实验相对应,模拟的覆岩高度为 133.5m,煤层倾角 8.5°,沿 x 轴方向长 300m,y 轴方向长 280m,z 轴方向高 177m。

2. 模型的物理力学参数

一般大多数岩层都可视为弹塑性介质,在一定应力水平下表现为线弹性,超过此限即表现为塑性。对于岩石一类的材料,在塑性变形时具有明显的体积变形,因而必须考虑到体积应力的影响,故计算中覆岩采用弹塑性本构模型,屈服准则采用摩尔-库仑准则。模拟所涉及的力学参数包括:抗拉强度、体积模量、剪切模量、黏聚力、内摩擦角与密度等。

3. 边界条件的确定

1) 位移边界条件

由于模拟的是整个煤层开挖影响区域,所以在模拟模型上有两个对称面上位移为 0,即 $x=0$m、$x=300$m 面上 X 方向位移被约束,Y、Z 方向自由;$y=0$m、$y=280$m 面上 Y 方向位移被约束,X、Z 方向自由;$z=0$m 面上 Z 方向位移被约束。

2) 应力边界条件

由于 $z=177$m 面之上的岩体和表土以加载方式模拟,因此上部边界条件为应力边界条件,且与上覆岩层的重力有关。为了研究的方便,载荷的分布形式简化为均布载荷,由 103 工作面采深平均为 300m,覆岩平均密度为 2600kg/m³,可知上覆岩体加载压力大约为 4.4MPa。

据上述参数及条件,建立的数值力学模型以及网格划分如图 4.26 所示,由于计算模型整体规模较大,为使总体单元不超出计算硬件的控制,模型中的单元类型全部为八节点六面体单元,共划分 103200 个单元,110044 个节点。

4. 开采方式及观测线布置

为节约机时并与相似模拟实验相对应,本次计算试验方案为切眼、停采线距模型边界 50m,每次开挖 5m,共开采 40 步。整个模型布置 22 条测线(表 4.1),提取不同推进距下的纵向应力及纵向位移,以分析其沿煤层走向与倾向的分布规律。

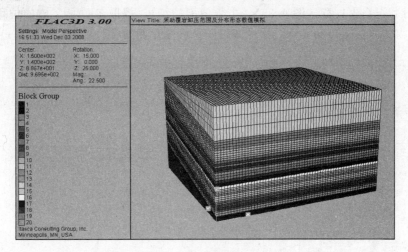

图 4.26　模型网格划分图

表 4.1　测线布置

序号	布置层位	沿走向测点数	沿倾向测点数	与煤层顶板距离/m
1	底板	30	28	−6
2	中砂岩	30	28	6
3	$14_下$号煤	30	28	14
4	K_2石灰岩	30	28	20
5	细砂岩	30	28	30
6	砂质泥岩	30	28	46
7	K_4石灰岩	30	28	56
8	9 号煤	30	28	74
9	中砂岩	30	28	82
10	细砂岩	30	28	90
11	中砂岩	30	28	107

4.3　采动覆岩移动及应力分布规律

4.3.1　采动覆岩移动破坏规律分析

1. 采动覆岩移动规律

当工作面向前推进时,采空区上方上覆岩层将产生离层裂隙,在 FLAC³ᴰ数值计算分析过程中,纵向位移情况真实地反映了开采带来的岩层沉降而产生离层裂隙发育状况(图 4.27~图 4.36)。由数值模拟结果,提取各单元 Z 方向位移变化值,可得到当覆岩中第 2~11 排测线纵向位移变化曲线(图 4.37~图 4.40)。

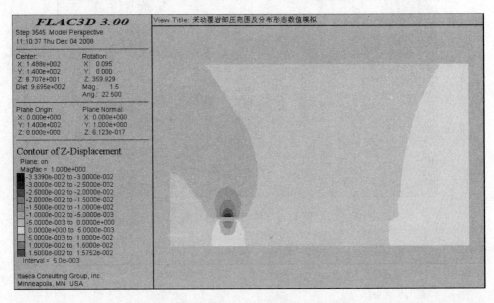

图 4.27　推进到 15m 时沿走向位移图

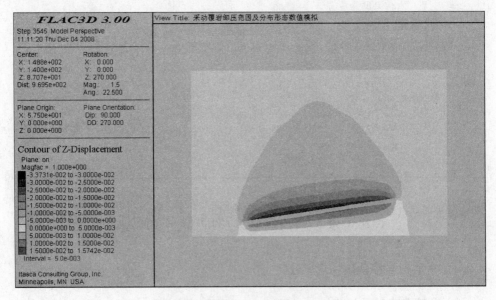

图 4.28　推进到 15m 时沿倾向位移图

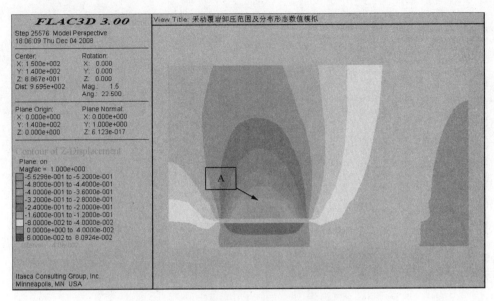

图 4.29　推进到 90m 时沿走向位移图

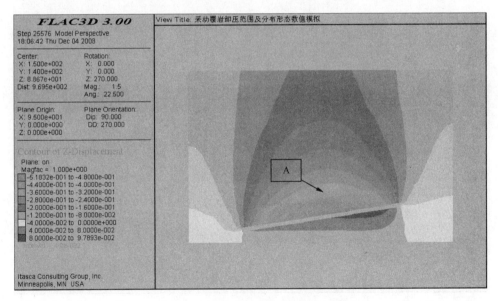

图 4.30　推进到 90m 时沿倾向位移图

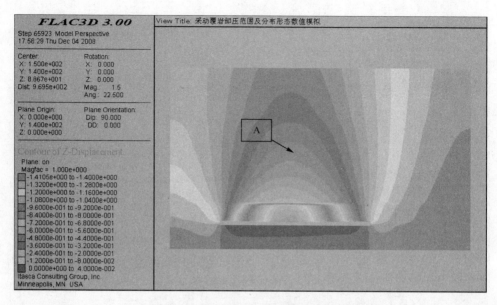

图 4.31　推进到 150m 时沿走向位移图

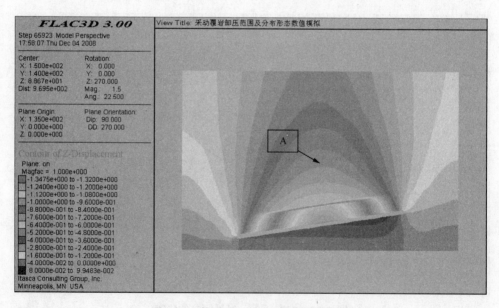

图 4.32　推进到 150m 时沿倾向位移图

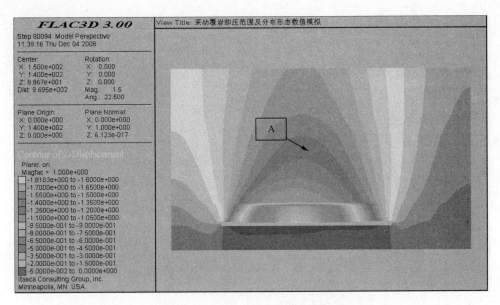

图 4.33　推进到 170m 时沿走向位移图

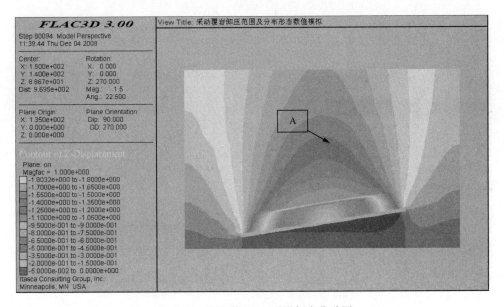

图 4.34　推进到 170m 时沿倾向位移图

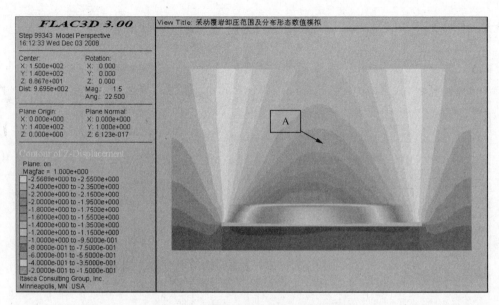

图 4.35　推进到 200m 时沿走向位移图

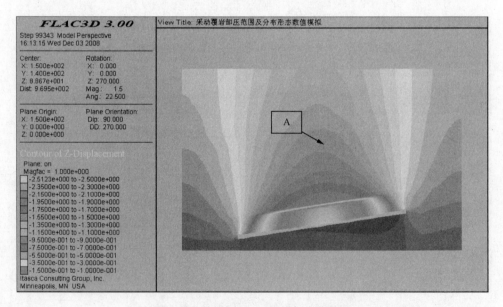

图 4.36　推进到 200m 时沿倾向位移图

由图 4.27～图 4.36 可知,采用全部垮落法采煤时,随着工作面向前推进,采空区不断扩大,形成垮落、断裂及弯曲的特点。一般覆岩下沉值沿走向在采空区中部达到最大值,在倾向由于煤层倾角的影响最大下沉值偏进风巷,由下往上逐渐减小,离采空区顶板越远,梯度变化越小。开始覆岩下沉值较小(如当工作面推进到 15m 时,最大下沉量仅有 0.033m),覆岩离层范围及离层量也较小,随着工作面的推进,开采所带来的扰动逐渐增大,离层范围及离层量也逐渐增大,如表 4.2 为 FLAC³ᴰ 中根据不同离层量间距所出现的离层位置,由该表可知,在相同离层量间距显示条件下,随着工作面的推进,离层数量增加,离层范围也增高。

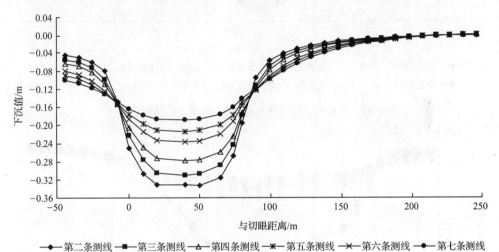

图 4.37 沿走向工作面推进到 65m 时覆岩位移变化曲线

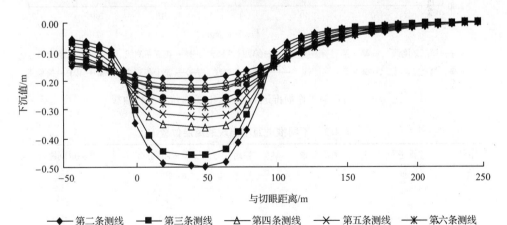

图 4.38 沿走向工作面推进到 90m 时覆岩位移变化曲线

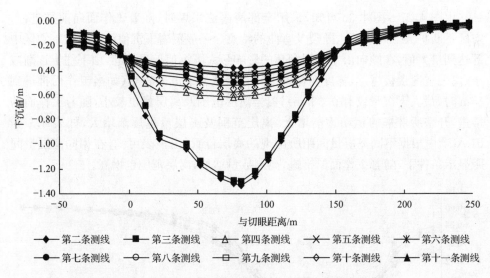

图 4.39　沿走向工作面推进到 150m 时覆岩位移变化曲线

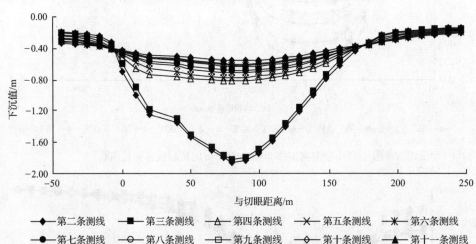

图 4.40　沿走向工作面推进到 170m 时覆岩位移变化曲线

表 4.2　不同推进距下出现的离层位置

序号	推进距	离层数量	各离层与煤层顶板距离/m	离层量间距/m
1	90	5	20 34 46 67 92	0.04
2	150	6	20 40 58 76 93 124	0.04
3	170	6	20 33 43 62 90 104	0.05
4	200	7	20 32 41 51 68 96 116	0.05

同时由图 4.37～图 4.40 中可看出,第四条测线(距煤层顶板 20m)以下测点

下沉梯度较大,该高度以下等值线密集,说明位移变化很快,从数值模拟角度看,此高度以上趋于收敛,以下趋于不收敛。这是由于断裂带变形小,各个参数值具有确定值,都将趋于收敛,而垮落带由于各个位置在垮落后位置都不确定,其受力也具有不确定性,因此其参数值趋于不收敛。为此,可以将突变上面的部分确定为断裂带及弯曲下沉带,而将其下面的部分确定为垮落带[245,246]。当此密集等值线形成以后,随着工作面推进,该高度不会再增大,即 K_2 石灰岩以下为垮落带。

2. 采动覆岩破坏规律

一般情况下,判断工作面开采后顶板岩层破坏区域主要是通过对覆岩破坏塑性区的分析而得出,图 4.41~图 4.44 是沿走向覆岩塑性区发育情况,图中 None 表示单元未发生拉剪破坏,shear-p 表示单元曾发生剪切破坏,shear-n 表示单元正在发生剪切破坏,tension-p 表示单元曾发生拉破坏,tension-n 表示单元正发生拉破坏。

由图 4.41~图 4.44 可知,工作面顶板破坏首先是剪切破坏,由此顶板裂隙得到发育,进而发展为拉伸破坏,最终发生断裂或垮落。自煤层顶板由下而上,依次发育拉破坏区域、剪切破坏区域和未破坏区域,随着工作面的推进,发生拉伸破坏的区域范围逐渐增大,而上部剪切破坏区域也在不断扩大,尤其是关键层破断时,这种现象更为明显。采动裂隙带岩层处于塑性破坏状态,采动裂隙发育,采动裂隙带上方直至基岩面,岩层基本未遭破坏,在采空区边缘,由于边界煤柱的存在,岩体处于拉压应力区,采动断裂发育充分,塑性区在此发育最高,形成两端高凸、中间低凹形状如马鞍状的分布形态。

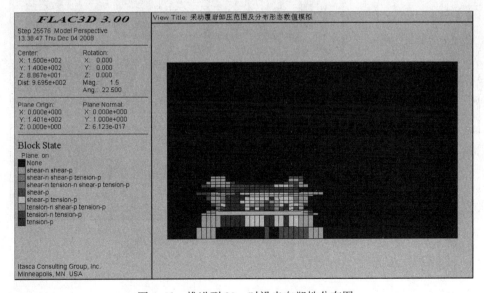

图 4.41　推进到 90m 时沿走向塑性分布图

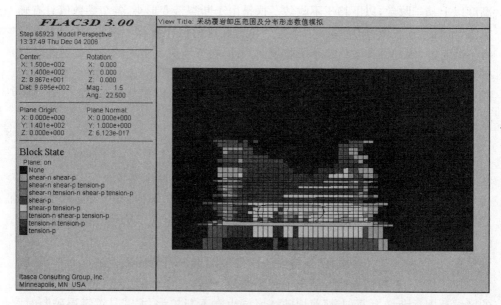

图 4.42　推进到 150m 时沿走向塑性分布图

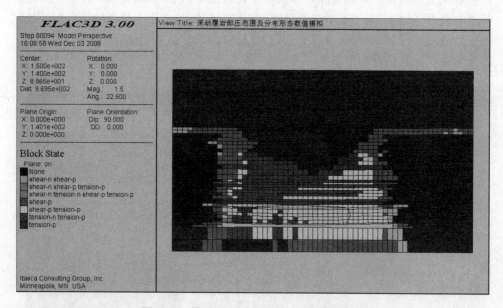

图 4.43　推进到 170m 时沿走向塑性分布图

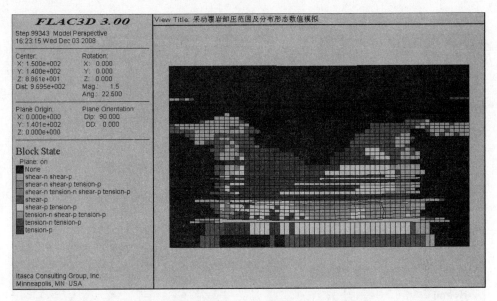

图 4.44　推进到 200m 时沿走向塑性分布图

在 FLAC^{2D} 中判断采动裂隙带高度时，一般情况下拉破坏区域还可分为拉伸破坏区及拉伸裂隙区，将拉伸破坏区划分成垮落带，拉伸裂隙区划分成断裂带，剪切塑性区及弹性区划分为弯曲下沉带。但是在 FLAC^{3D} 中由于边界条件约束比 FLAC^{2D} 多，加之采宽的影响，开采扰动不能无限制向上扩展，无论是拉破坏还是剪破坏的影响范围都是有限的[247]，因此本书根据采动后覆岩连续出现的塑性变形或剪切破坏的岩层高度，结合纵向位移中的分带性来判断断裂带高度，如最高塑性区位置介于两离层之间，则将下方离层位置确定为断裂带高度，垮落带高度则通过分析纵向位移的密集性来确定。由图 4.41～图 4.44 可知，当工作面推进到 90m、150m、170m 及 200m 时，塑性区与煤层顶板距离为 35m、80m、92m 及 99m，结合表 4.2 可知，各推进距下的断裂带高度分别为 34m、76m、90m 及 96m（见图 4.29～图 4.36 中 A 标志区）。

4.3.2　采动覆岩应力变化规律分析

煤层未开挖前岩体处于平衡状态，一旦煤层开挖将引起围岩应力重新分布，采动覆岩应力分布规律是随开采步骤的进程而不断调整变化，如图 4.45～图 4.54 为工作面推进到 15m、80m、150m、170m 及 200m 时的沿走向剖面及倾向剖面的垂直应力分布图。

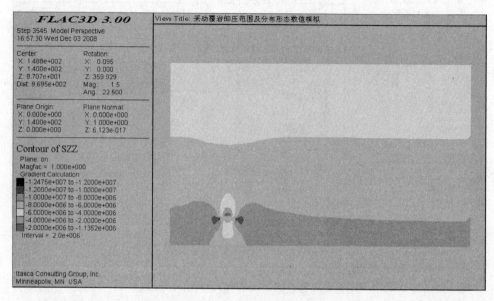

图 4.45　推进到 15m 时沿走向 SZZ 应力分布

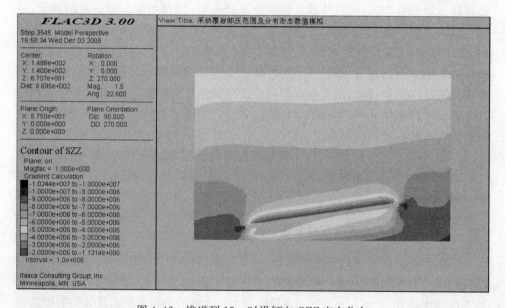

图 4.46　推进到 15m 时沿倾向 SZZ 应力分布

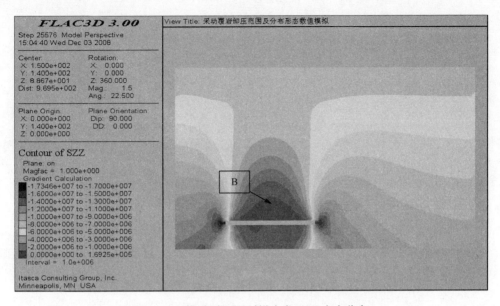

图 4.47　推进到 90m 时沿走向 SZZ 应力分布

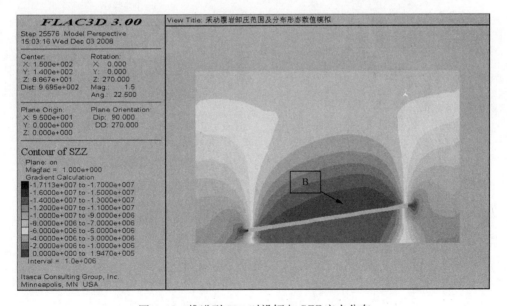

图 4.48　推进到 90m 时沿倾向 SZZ 应力分布

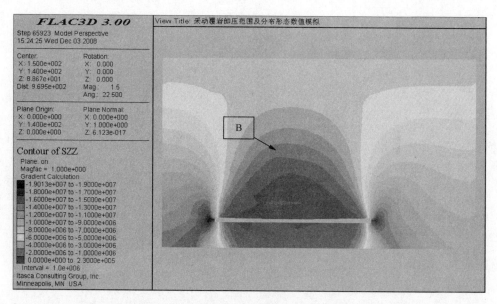

图 4.49　推进到 150m 时沿走向 SZZ 应力分布

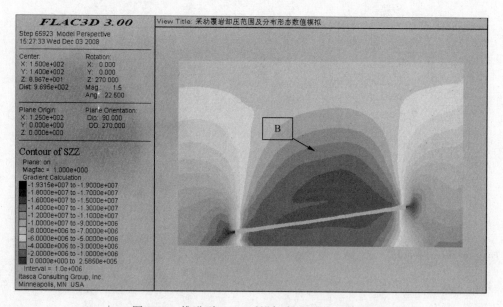

图 4.50　推进到 150m 时沿倾向 SZZ 应力分布

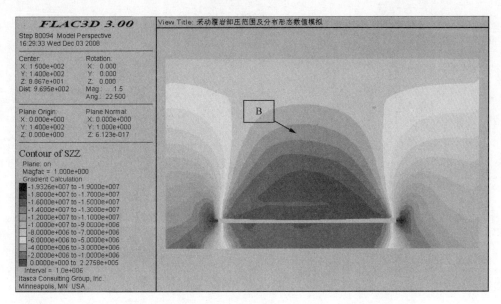

图 4.51　推进到 170m 时沿走向 SZZ 应力分布

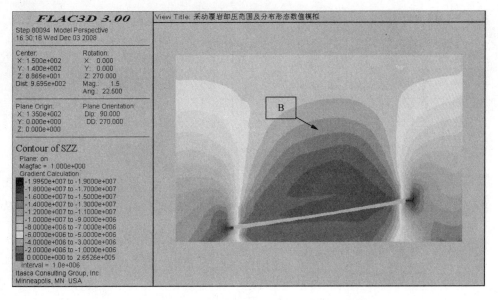

图 4.52　推进到 170m 时沿倾向 SZZ 应力分布

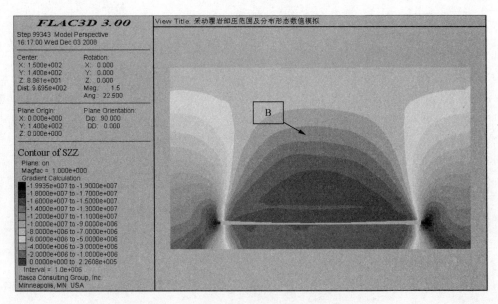

图 4.53　推进到 200m 时沿走向 SZZ 应力分布

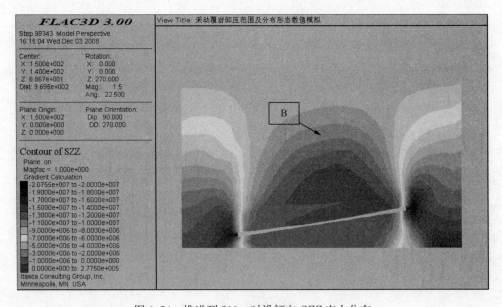

图 4.54　推进到 200m 时沿倾向 SZZ 应力分布

由图 4.45～图 4.54 可以明显看出：当煤岩层开挖后，沿煤层走向采空区上方覆岩出现充分卸压区，开切眼及工作面处出现应力集中，垂直应力基本呈对称分布；沿煤层倾向，采空区上方覆岩也出现充分卸压区，进、回风巷附近出现应力集中，由于煤层倾角的影响，垂直应力呈非对称状态分布。

1. 沿煤层走向应力变化规律

由 FLAC^{3D}数值模拟结果，并提取各单元计算应力变化值，可得到工作面前方及覆岩（选择具有代表性的第四、八及十一排测线，即 K_2 石灰岩、9 号煤层及中砂岩处）支承压力随工作面推进距离的变化曲线如图 4.55～图 4.58 所示。

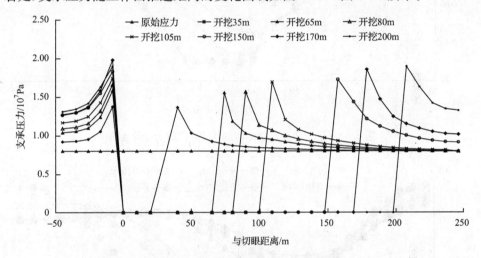

图 4.55　沿煤层走向底板支承压力变化图

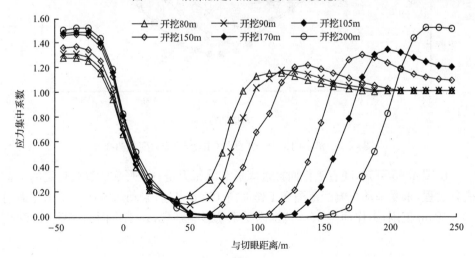

图 4.56　沿走向第四排测线（K_2 石灰岩）应力变化曲线

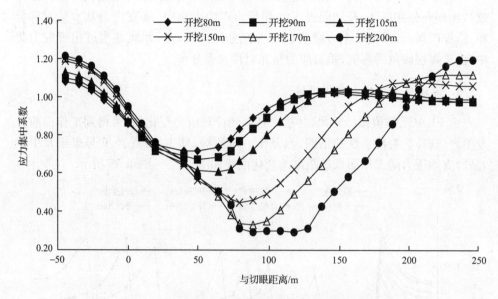

图 4.57　沿走向第八排测线（9 号煤层）应力变化曲线

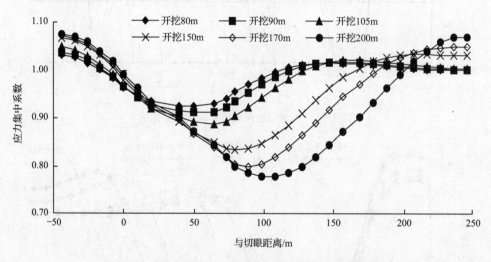

图 4.58　沿走向第十一排测线（中砂岩）应力变化曲线

　　由图 4.55 可知，随着工作面推进底板支承压力是一个形成、发展、稳定的动态变化过程，未受采动影响区范围在工作面前 120m 以远，采动影响区位于工作面前 65～120m 范围，工作面至 65m 范围内受采动影响剧烈，在工作面到煤壁 5m 的范围内形成一卸压带。同时,随着工作面推进支承压力峰值逐渐增加(表 4.3),工作面侧的极值点位置不断前移(距工作面距离 5~11m,平均 8.3m)。切眼附近支承压力峰值的位置基本不变(距切眼 10m 左右),峰值随工作面推进在采空区见方前(工作面宽度与推进距相等)逐渐增加,见方后有所降低。

表 4.3　支承压力峰值与工作面推进距关系

工作面推进距/m	工作面处峰值		切眼处应力集中系数
	与工作面距离/m	应力集中系数	
35	5.0	1.71	1.73
65	9.0	1.95	1.98
80	9.7	1.96	2.08
105	11.0	2.13	2.19
150	7.0	2.16	2.30
170	8.6	2.33	2.48
200	7.6	2.38	2.38
平均	8.3	2.09	2.16

由图 4.56~图 4.58 可知:在工作面推进过程中上覆岩层应力逐渐增大,当工作面与测点相距 20~40m 时,应力增大到最大值,随着工作面的继续推进,当工作面与测点相距 10~30 时,覆岩开采卸压,当测点进入采空区中,应力下降幅度较大,如第四排测线中距切眼 118m 处,当工作面推进到 80m、90m、105m 时,应力集中系数为 1.15、1.17、1.08,而当工作面推进到 150m 时,该点应力仅为原始应力的 0.15 倍。同时,距工作面煤壁投影距离相同情况下,顶板不同层位应力集中系数不同,离煤层较近的顶板岩层支承压力集中程度较高,随着离煤层的垂直距离加大,顶板支承压力集中程度逐渐降低并趋于平稳(如当工作面推进到 200m,工作面前方 20m 位置,第四、八、十一测线处应力集中系数分别为1.43、1.11、1.04)。

2. 沿煤层倾向应力分布规律

根据 FLAC^{3D}数值计算,可得沿煤层倾向工作面底板及覆岩(选择第四及八排测线,即 K_2 石灰岩、9 号煤层)应力随工作面推进变化(图 4.59~图 4.61)。

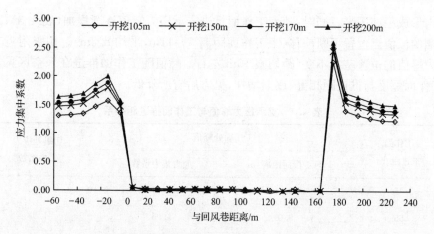

图 4.59　沿煤层倾向底板支承压力变化图

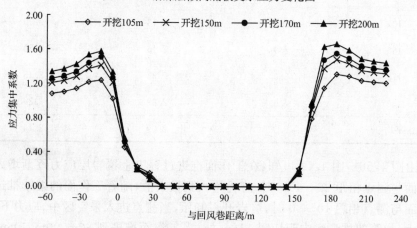

图 4.60　沿倾向第四排测线（K₂石灰岩）应力变化曲线

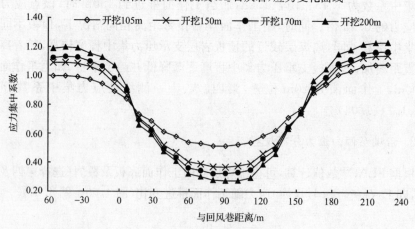

图 4.61　沿倾向第八排测线（9 号煤层）应力变化曲线

4.3.3　采动覆岩卸压区形态分析

1. 采动覆岩应力分区特征

开采后覆岩裂隙发育、应力分布不同,根据物理模拟及数值模拟,将采动覆岩分为应力增高裂隙闭合区、应力平缓裂隙未变区及充分卸压裂隙发育区。

1) 应力增高裂隙闭合区

此区位于工作面、开切眼及进回风巷附近,该区内覆岩应力集中,在煤壁附近形成升压区,由已有研究成果及 MTS 渗透性试验结论可知,此区在集中应力作用下,使煤体裂缝和孔隙封闭、收缩,煤岩体渗透率降低,瓦斯涌出量小。

2) 应力平缓裂隙未变区

此区位于远离切眼、工作面及进回风巷处,其应力增加平缓,此区煤岩体渗透性变化不大,裂隙分布基本保持原始状态,瓦斯动力参数保持其原始数值。

3) 充分卸压裂隙发育区

此区位于采空区上方(如图 4.47~图 4.54 中 B 标志区),高度可认为基本与采动裂隙带相等,沿走向充分卸压处的最高位置大致位于采空区中部,而由于煤层倾角的影响,沿倾向最高充分卸压点偏于回风巷附近。此区在工作面推进过程中由于压力已传递给该区以外的岩层承受,煤岩承受的压力不断减小,部分区域甚至处于低拉压状态,煤岩体充分膨胀变形,产生大量采动裂隙,渗透率大大提高,同时瓦斯加剧解吸,压力急剧下降,流量不断增大并达到最大值,出现明显的"卸压增流效应",这是瓦斯涌出的最活跃区,是煤矿瓦斯卸压抽采的重点区域。

2. 充分卸压裂隙发育区形态

由图 4.29~图 4.36 及图 4.47~图 4.54 可看出,充分卸压裂隙发育区位移及应力分布范围从外形上看沿煤层走向或倾向剖面均可以近似认为是梯形状[196]。同时由工作面推进到 90m、170m、200m 时采动覆岩距煤层顶板不同层位下的 Z 方向位移分布、SZZ 应力分布俯视图(如图 4.62~图 4.73 所示)可知,沿平行于煤层剖面,当采空区见方前(即推进距小于采宽)及见方后(即推进距大于采宽),垮落带中充分卸压裂隙发育区形态可认为是圆角矩形圈(图 4.62~图 4.65),断裂带随着离煤层顶板高度的增大趋于椭圆形(图 4.66~图 4.69);采空区见方时(即推进距等于采宽),垮落带中充分卸压裂隙发育区形态转为圆角方形圈(图 4.70,图 4.71),断裂带随离煤层顶板高度增大趋于圆形(图 4.72,图 4.73)。

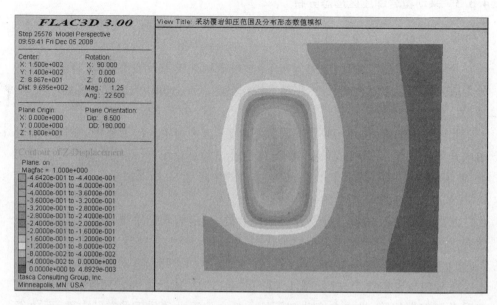

图 4.62　推进 90m 距顶板 10m 时 Z 向位移分布

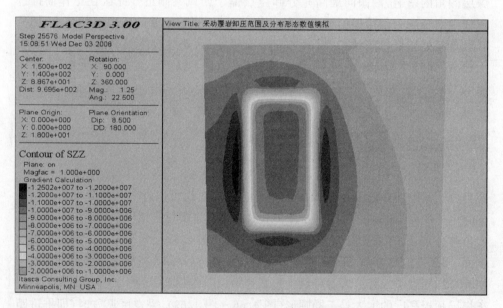

图 4.63　推进 90m 距顶板 10m 时 SZZ 应力分布

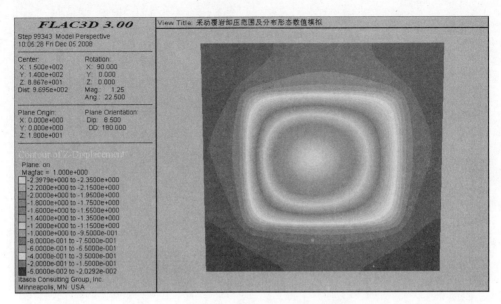

图 4.64　推进 200m 距顶板 10m Z 向位移分布

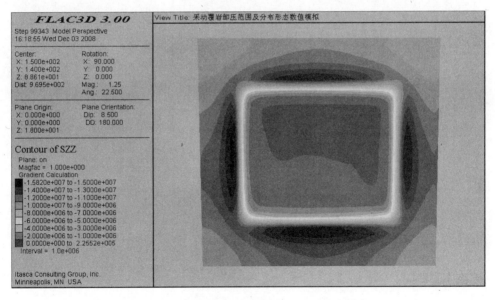

图 4.65　推进 200m 距顶板 10m SZZ 应力分布

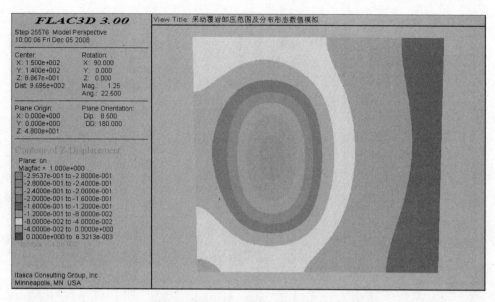

图 4.66　推进 90m 距顶板 40m 时 Z 向位移分布

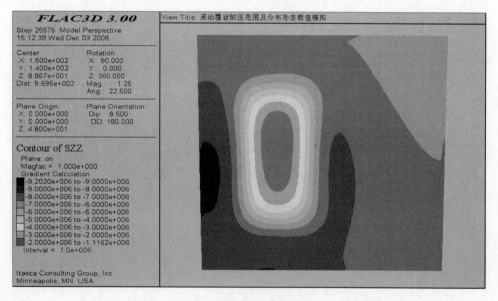

图 4.67　推进 90m 距顶板 40m 时 SZZ 应力分布

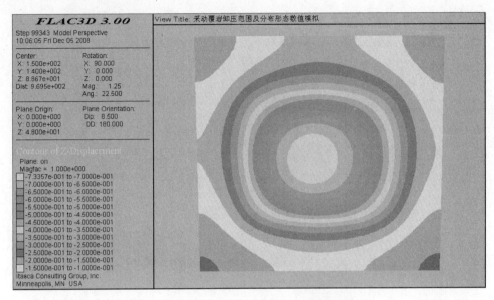

图 4.68　推进 200m 距顶板 40m Z 向位移分布

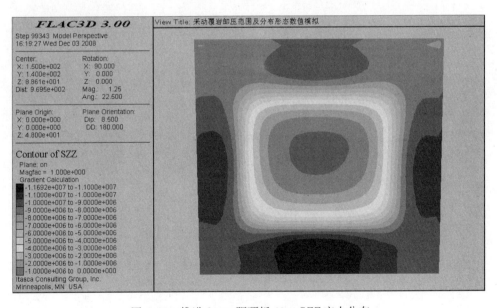

图 4.69　推进 200m 距顶板 40m SZZ 应力分布

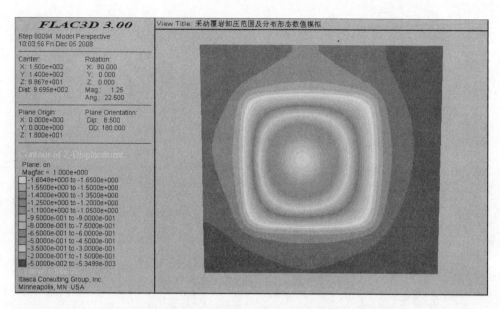

图 4.70　推进 170m 距顶板 10m Z 向位移分布

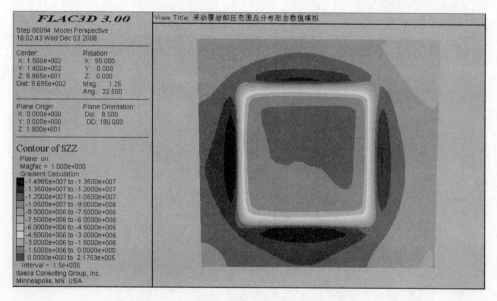

图 4.71　推进 170m 距顶板 10m SZZ 应力分布

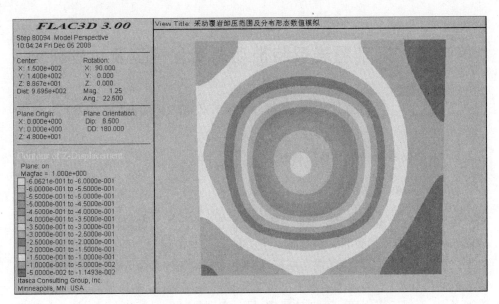

图 4.72　推进 170m 距顶板 40m Z 向位移分布

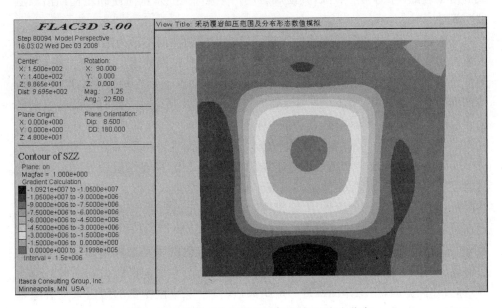

图 4.73　推进 170m 距顶板 40m SZZ 应力分布

第5章 采动覆岩裂隙带动态演化模型及机理研究

5.1 采动裂隙带空间结构工程简化模型及参数

5.1.1 采动裂隙椭抛带及其控制方程

1. 采动裂隙椭抛带的形成

煤层开采后,覆岩采动裂隙的发生、发展完全取决于关键层在开采过程中所形成的砌体梁结构及其破断失稳形态。主关键层与亚关键层之间,亚关键层与亚关键层之间变形的不协调将形成岩层移动中的离层和各种裂隙分布。在上覆岩层就会形成两类裂隙:一类是随岩层下沉破断形成的穿层裂隙,称为竖向破断裂隙,它沟通了上、下邻近煤岩层间瓦斯的通道;另一类则是随岩层下沉在层与层之间而形成的沿层裂隙,称为离层裂隙,其使煤岩层产生膨胀变形,从而使卸压瓦斯沿离层裂隙流动[51,53]。

一般情况下,开切眼与工作面和进回风巷构成的几何图形为矩形,矩形周围及上覆岩层受采动的影响发生移动破坏,破坏的机理是在四周固支条件下,随工作面的推进,长边的中心区首先超过极限弯矩而断成裂缝,而后在短边中央形成裂缝,待四周裂缝贯通成"O"形后,四周简支的板再形成"X"形破坏,此时在关键层的四边岩层破坏裂缝呈下面咬合,四角破坏裂缝呈上面咬合,即典型的关键层破断"O-X"形特征,之后,当关键层初次破断后,随工作面推进将呈现半"X"形破坏。

实际上采空区及上部覆岩的整个空间上,破断裂隙只在煤层顶板一定高度的覆岩范围内较发育,离层裂隙则多出现于破断裂隙之上。切眼、工作面以及上下风巷附近,由于煤壁等的支承作用,上部覆岩裂隙也较发育;采空区中部的采动裂隙,则在覆岩压力作用下基本上被压实。于是,随工作面推进,具有依次向上发展分层运动的破断与离层特征的上覆岩层,会形成动态变化的采动裂隙带。其中的岩层层面离层裂隙和穿层破断裂隙相互贯通,在空间上产生形似椭圆抛物面的外部边界,称为外椭抛面;当工作面推进一定距离后,位于采空区中部的覆岩采动裂隙基本被压实,其边界也可用近似的椭圆抛物面来描述,称为内椭抛面。于是在整个采空区上覆岩层中,内外椭抛面之间形成了类似帽状的采动裂隙带,将其称为椭圆抛物带(elliptic paraboloid zone),简称椭抛带(EPZ),其平面应力状态下的分布如图5.1所示[53]。

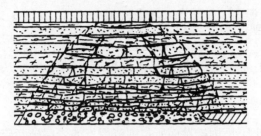

图 5.1　平面应力状态下椭抛带形态

2. 采动裂隙椭抛带的控制方程

建立如图 5.2 所示的直角坐标系,即开切眼中点处设为坐标系原点 O,沿工作面推进方向设为 x 轴正方向,垂直于推进方向设为 y 轴方向,垂直于工作面指向地面设为 z 轴正方向。

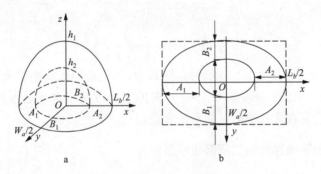

图 5.2　椭抛带数学模型图

设 n 为从开切眼到现在开采的天数,h_1 为 n 天后裂隙带最大高度(外椭抛面高度),h_2 为 n 天后压实带最大高度(内椭抛面高度)。h_1、h_2 均可由相似模拟实验来确定。工作面宽度为 W_a,日回采速度为 v_i,每天开采时间为 t_i,则经过 n 天后,工作面所推进的距离为 L_b,其计算公式为

$$L_b = \sum_{i=1}^{n} v_i t_i \tag{5.1}$$

在图 5.2 中所建立的坐标系中,椭抛带的方程可用如下数学方程来表示:
外椭抛面的方程,

$$\frac{\left(x - \dfrac{L_b}{2}\right)^2}{\left(\dfrac{L_b}{2}\right)^2} + \frac{y^2}{\left(\dfrac{W_a}{2}\right)^2} = -\frac{z - h_1}{h_1 K_{c1}} \tag{5.2}$$

内椭抛面的方程,

$$\frac{\left(x-\dfrac{W_a+A_1-A_2}{2}\right)^2}{\left(\dfrac{L_b-A_1-A_2}{2}\right)^2}+\frac{\left[y-\dfrac{\dfrac{W_a}{L_b}\sqrt{L_b^2-(A_1-A_2)^2}+B_1-B_2-W_a}{2}\right]^2}{\left[\dfrac{\dfrac{W_a}{L_b}\sqrt{L_b^2-(A_1-A_2)^2}-B_1-B_2}{2}\right]^2}=-\frac{z-h_2}{h_2K_{c2}}$$

$$(5.3)$$

式中，K_{c1}、K_{c2} 分别为外、内椭抛面所包围范围下的岩层破断碎胀系数；A_1、A_2 分别为切眼、工作面上方采空区椭抛带宽；B_1、B_2 分别椭抛带在进、回风顺槽处的带宽，其中 K_{c1}、K_{c2}、A_1、A_2、B_1 和 B_2 可由相似模拟实验测到。

联立式(5.1)~式(5.3)，就可得到椭抛带的控制方程：

$$\begin{cases}\dfrac{(2x-L_b)^2}{L_b^2}+\dfrac{4y^2}{W_a^2}=-\dfrac{z-h_1}{h_1K_{c1}}\\[4mm]\dfrac{\left(2L_by-W_a\sqrt{L_b^2-(A_1-A_2)^2}-L_bB_1+L_bB_2+W_aL_b\right)^2}{\left(W_a\sqrt{L_b^2-(A_1-A_2)^2}-L_bB_1-L_bB_2\right)^2}\\[4mm]\quad+\dfrac{(2x-L_b-A_1+A_2)^2}{(L_b-A_1-A_2)^2}=-\dfrac{z-h_2}{h_2K_{c2}}\end{cases}$$

$$(5.4)$$

上式的含义是：在图 5.2 所示的坐标系中，当采动裂隙椭抛带形成后，如果已知上覆岩层任一点的空间坐标(x,y,z)，根据上式可判断该点是否在采动裂隙椭抛带中，从而确定在此处抽取瓦斯是否合适。

5.1.2　采动裂隙椭抛带的工程简化模型

采动裂隙椭圆抛物带的边界线形成是由岩层的断裂所致，使得利用岩层断裂角参数更便于工程应用，由第 3 章的物理相似模拟实验及第 4 章的三维数值模拟可知，在垂直于煤层的剖面上，覆岩岩层断裂位置由下而上依次内错，各岩层断裂位置的连线可近似为直线，且此直线与离层带在纵断面上的连线共线，形成的压实区及裂隙区边界可近似为梯形状(图 5.3~图 5.6)。

同时，当工作面推进到一定距离后，岩层层面离层裂隙和穿层破断裂隙相互贯通，在平行于煤层的平面上，进回风巷的上覆岩层裂隙区与切眼、工作面上覆岩层的裂隙区贯通，在一矩形框内存在有一定宽度的环状裂隙发育区域，在环形圈的中部是压实的裂隙，如工作面足够长，则可形成类似于经过圆倒角的矩形(图 4.28~图 4.36)，如工作面较短或在裂隙带上部，则形成椭圆形结构。于是，在覆岩岩性差别不大且互层发育的中硬覆岩条件下可作如图 5.7~图 5.9 所示的简化，从而在垂直于煤层的剖面上，可以用近似于一裂隙发育的梯形台，内外梯形台之间裂隙较为发育，在平行于煤层剖面上，可用近似于一圆角矩形圈或"O"形圈来描述。因此，为了更方便应用于工程实际，基于采动裂隙椭圆抛物带的三维视点，结合已有

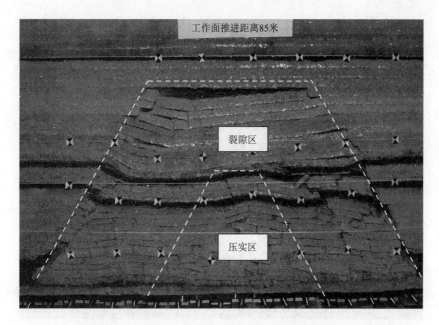

图 5.3　沿工作面推进方向岩移未到主关键层时裂隙分布

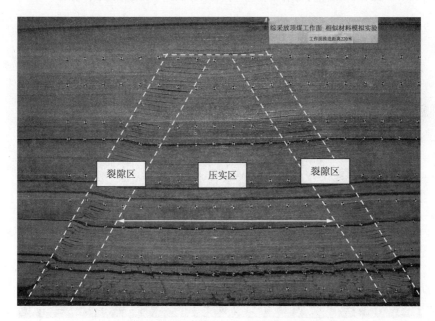

图 5.4　沿工作面推进方向岩移达到主关键层裂隙分布

成果,可以将采动裂隙椭抛带简化为一个可满足工程精度的、较为形象的称为采动裂隙发育的圆角矩形梯台带,简称采动裂隙圆矩梯台带。

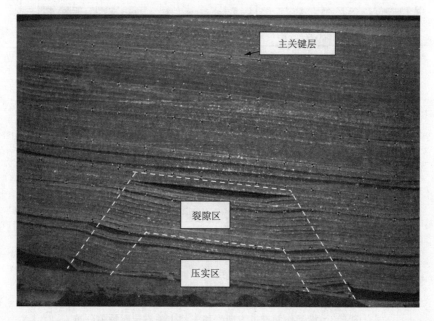

图 5.5　垂直于工作面推进方向岩移未到达主关键层时裂隙分布

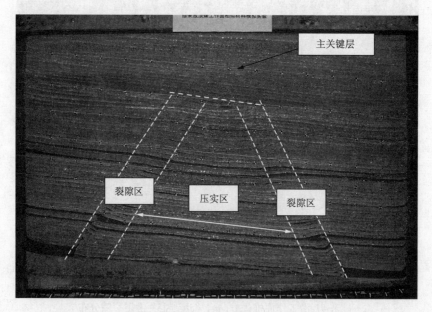

图 5.6　垂直于工作面推进方向岩移到达主关键层时裂隙分布

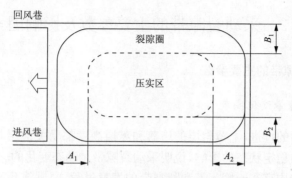

图 5.7　采动裂隙带平行于煤层平面形态示意图

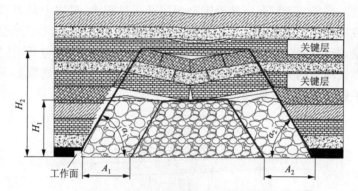

图 5.8　采动裂隙带走向剖面形态示意图

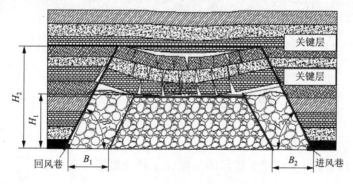

图 5.9　采动裂隙带倾向剖面形态示意图

5.2　采动裂隙带的主要参数及影响因素

5.2.1　采动裂隙带的主要参数

1. 采动裂隙带演化高度

随着工作面的推进,上覆岩层的垮落和离层高度都受关键层与开采煤层之间的距离及其结构稳定状态的影响,说明采动裂隙带是动态变化的。一般而言,采动裂隙三维空间结构存在于垮落带和断裂带的发育过程中,其演化高度与垮落带和断裂带高度成正比。因此,确定了采场"三带"的高度,即可确定采动裂隙空间结构的演化高度。采场"三带"高度的确定是煤层开采过程中,覆岩中是否形成离层裂隙及其形成阶段的主要参数之一。关键层在破断前以板结构的形式承受上部岩层的部分重量,断裂垮落后则可形成砌体梁结构(图 5.10),一般与开采层相距最近的具有砌体梁特征的关键层以下破碎岩层为垮落带[248],因此,选取如下判别准则进行判断关键层是否进入断裂带[34]。

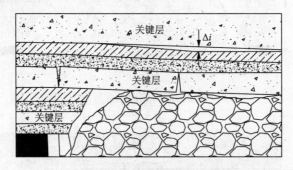

图 5.10　覆岩断裂后结构模型

$$h_i > 1.5\left\{\left[M - \sum_{j=0}^{K_i-1} h_j\right](k_Z - 1) - \sum_{j=K_i}^{N_i+K_i-1} h_j(k_T - 1)\right\} \tag{5.5}$$

$$l_{i0} > 2h_i \tag{5.6}$$

式中,h_i 为自下而上第 i 层关键层的厚度,m;M 为煤层采高,m;$\sum_{j=K_i}^{N_i+K_i-1} h_j$ 为第 i 层关键层及所控软岩厚度,m;k_T 为第 i 层关键层及所控软岩碎胀系数,取 1.15~1.33(或从实验中测取);$\sum_{j=0}^{K_i-1} h_j$ 为第 i 层关键层下的岩层厚度,m;k_Z 为第 i 层关键层下的碎胀系数,取 1.33~1.50(或从实验中测取);l_{i0} 为第 i 层关键层的周期断裂距,m。

在覆岩中,自第一层关键层开始自下而上依次计算,满足上式时则第 i 层关键层已进入断裂带,该层为断裂带初始最低层位,也就是内梯台面最低初始层位。

随着工作面的推进,进入断裂带的最下层关键层形成砌体梁动态平衡结构,其断裂下沉将导致所控制的上覆软岩随之协调变形,并与它的上位关键层产生离层并形成自由空间,如果上位关键层也满足式(5.5)和式(5.6),则它又有形成砌体梁结构并与它所控制的软岩随工作面推进动态前移,依此类推,如果第 i 层关键层下的自由空间高度为 Δ_i,可由薄板理论或梁理论推导得到。

如第 i 层关键层达到极限垮距时在垮距中部已经与采空区矸石接触($w_i \geqslant \Delta_i$),其不会再断裂,当然随着工作面推进,采空区矸石逐步压实,该层还会产生小的裂隙,但不影响本书所得结论[248],可认为该层进入弯曲下沉带为采动裂隙带上限,也就是外梯台面的最高层位。

表5.1为沿煤层走向模拟实验中采动裂隙带内外梯台带高度与推进距的关系,由该表可知梯台带演化高度随工作面的推进由下往上逐步发展,但一般是若干循环后,才有覆岩离层动态变化,也就是说,内外梯台面高度并非随工作面推进逐步升高,而是在(主或亚)关键层破断后时,才有所变化。由沿煤层倾向物理相似模拟实验发现,因采宽的限制,得到的裂隙带高度小于沿煤层走向,一般当采空区见方时,其高度为最大,即当工作面推进到约170m时,外梯台面高度不再增大,同时,由沿煤层走向物理相似模拟实验可知,当工作面推进到192m时,第七亚关键层明显弯曲接触垮落矸石,内外梯台面趋于相等。

表5.1　采动裂隙带内外梯台带高度与推进距的关系

推进距/m	85	95	107	118	130	142	155	170	183	192	207	220
内梯台带高度/m	22	30	30	44.5	44.5	56.5	56.5	88	88	97	97	97
外梯台带高度/m	33.5	47.5	47.5	58.5	58.5	88.5	88.5	97	97	97	97	97
破断关键层序号	第二亚	第三亚		第四亚		第五亚		第六亚				

2. 走向带宽距的确定

物理相似模拟试验表明,走向带宽距与工作面开采时的初次来压步距和周期来压步距有密切关系,如表5.2为本次试验所测得的走向带宽距。由该表可知,切眼上方采空区梯台带带宽(A_1)大约相当于一倍初次来压步距(L_0),即 $A_1 \approx L_0$;工作面上方的带宽(A_2)则在2～3倍周期来压步距(l_1)间变化,即 $2l_1 < A_2 < 3l_1$。

表 5.2　采动裂隙带的走向带宽

初次来压步距(L_0)/m	平均周期来压步距(l_1)/m	走向带宽距		
		推进距/m	A_1/m	A_2/m
		95	33	22
		107	33	22
		118	34	23
		130	32	24
		142	33	24
31	11.8	155	33	28
		170	32	32
		183	33	33
		192	32	23
		207	32	25
		220	31	29
		平均	32.5	25.9

3. 倾向带宽距的确定

根据理论分析及模拟实验可知,倾向带宽距也与工作面开采时的初次来压步距有密切关系,如表 5.3 为物理相似模拟实验所测得的倾向带宽。由该表可知,倾向带宽距约为 $0.7\sim0.8$ 倍初次来压步距,倾向带宽距取决于周边的支承条件,如为近水平或缓倾斜煤层开采且支承条件相同时,进、回风巷附近带宽距相等(即 $B_1 \approx B_2$),一般情况下 $B_2 < B_1 \approx (0.7\sim0.8)L_0$。

表 5.3　采动裂隙带的倾向带宽

推进距/m	B_1/m	B_2/m
107	22	20
142	24	21
170	25	23
平均	23.7	21.3

4. 断裂角

断裂角是垮落带显著断裂位置点和断裂带离层发育的边界点连线与煤层层面在采空区一侧的夹角(图 5.8、图 5.9 中的 α_1、α_2、β_1 及 β_2),可分为两部分:一是直接顶垮落后,断裂线与煤层层面的夹角(垮落角);二是离层裂隙端部与工作面煤壁连线与煤层层面的夹角(离层范围角)。一般而言,沿煤层走向开切眼侧的断裂角(α_2)大于工作面一侧(α_1)(即 $\alpha_2 > \alpha_1$),如第 3 章物理相似模拟实验,当工作面推进到 220m 时切眼处断裂角为 56°,工作面处为 55°。其原因主要是,上覆岩层的变形与破坏是与时间相关的,开切眼侧的覆岩经过了长时间的充分变形与破坏,各岩层的垮落趋于均一化,因而值要大一些。差值的大小与工作面推进速度、覆岩层岩性相关,推进速度越慢,覆岩越软,则差值越小。沿煤层倾向一般情况下,由于煤层倾角的影响,回风巷处断裂角(β_1)大于进风巷(β_2),在支承条件相同且为近水平煤层或缓水平煤层时,回风巷与进风巷附近的断裂角大约相等(即 $\beta_1 \approx \beta_2$),如倾向模型物理模拟测的覆岩回风巷处断裂角为 64°,进风巷处为 62°。

5.2.2　采动裂隙带动态演化的影响因素

1. 煤层开采高度

由式(5.5)可以看出,煤层开采高度直接影响到采场"三带"高度及采动裂隙带演化高度,显然随着煤层开采高度的增加,垮落带范围将增大,在小采高情况下能形成砌体梁结构的岩层,在大采高时则可能成为垮落带的一部分,从而使最低初始梯台带高度增大。根据式(5.5)、式(5.6),对 103 工作面范围内覆岩的最低初始梯台带高度进行计算,结果如表 5.4 所示。

表 5.4　最低初始梯台带高度随采高的变化关系

采高/m	梯台带初始 最低层位	梯台带内 岩层编号	内梯台面 最小高度/m	外梯台面 最大高度/m
3.5	12	12~22	22.1	56.2
4.5	12	12~39	23.1	97.8
5.5	14	14~39	32.0	108.8
6.5	14	14~42	33.0	133.4

由表 5.4 可知,采动裂隙梯台带的高度受关键层的特征、层位及分布控制,随着采高的增大,原先是内梯台面初始最低层位的关键层垮落,造成其上岩层的大规模运动,内梯台面的最小高度及外梯台面的最大高度增大。如采高为 3.5m 时,第二亚关键层(岩层编号为 12)未垮落,其为梯台带初始最低层位;采高为 6.5m 时,第二亚关键层垮落,内外梯台面最大高度增大,第三亚关键层(岩层编号为 14)成为梯台带最低初始层位。

2. 覆岩岩性

覆岩岩性是影响采动裂隙带三维空间演化结构的主要因素,研究发现[31,249],

在其他条件相同时,覆岩为坚硬岩层时,裂隙带高度较高,覆岩空间结构演化高度越大,当上覆岩层为软弱岩层时,裂隙带高度较低,则覆岩空间结构演化高度越小。上覆岩层的不同岩性结构其裂隙带高度由大到小的顺序为:坚硬-坚硬型、软弱-坚硬型、坚硬-软弱型、软弱-软弱型。一般在下软上硬覆岩结构条件下,断裂线的发展趋势是自下位岩层垮落带向边界外向上扩展,有可能出现倒梯形台状的裂隙带。同时,覆岩岩性对煤层开采后断裂角的影响也很明显,一般岩层强度越低,断裂角越大,反之,断裂角就越小。

3. 煤岩层倾角

开采不同倾角的煤层,形成的覆岩空间结构不同[31]。一般开采倾角较大的煤层,顶板岩层有垂直于层面的法向弯曲移动及沿层面向下滑移运动,当强度与变形超过极限值时岩层断裂或垮落,但在空间分布上与近水平及缓斜煤层有所不同,空间结构高度沿工作面倾斜方向上呈现下端小、上端大的变化形态。主要原因是,煤层开采后沿工作面倾斜中上段垮落矸石下滑,使工作面下段顶板岩层受到滑下的垮落矸石支撑作用,从而导致下段的直接顶及其上覆岩层达到相对平衡和稳定状态。而此时工作面中上段处因直接顶垮落下滑,堆积充填程度仍然较小,致使其上覆岩层仍有继续下沉运动与垮落的空间存在,从而使中上段覆岩空间结构的高度比下段要大。同时,在一定程度上煤岩层倾角对覆岩断裂角也有影响。

4. 工作面几何参数

采空区有两个方向的跨度,即工作面斜长和工作面推进长度。工作面斜长一般是采空区的短边,大量现场工程实践及三维数值模拟结果表明[249]:采动覆岩空间结构的演化高度受采空区短边跨度所控制,一定斜长工作面覆岩空间结构的演化高度具有最大值。一般情况下,在工作面倾斜长度一定,其裂隙带高度随着走向长度的增加而增大,当走向与倾斜长度相同时,其破坏高度发育到最大,以后则受采空区短边跨度所控制,高度增加较小。

此外,工作面推进速度、采煤方法与顶板管理方法、开采程序及时间因素等对采动覆岩空间结构均有一定影响[31]。

5.3　采动裂隙带动态演化特征及机理

5.3.1　采动裂隙带动态演化特征

通过相似模拟实验可知,上覆岩层裂隙的发生、发展完全受制于覆岩关键层形成的砌体梁结构及其破断失稳形态,其在覆岩中的位置以及在采动过程中是否破断,直接影响到采动裂隙圆矩梯台带的形状和特性,因此根据主关键、亚关键层破断的形态以及主关键层与裂隙带之间的位置关系,一般情况下分为两大类。

1. 主关键层接触垮落矸石前

这种情况下,采场上覆岩层将形成曲面轮廓较为连续的采动裂隙圆矩梯台带,如图 5.6、图 5.7 所示。此时如主关键层位于弯曲下沉带,未破断的主关键层只控制着覆岩弯曲下沉带岩层,主关键层下的梯台带上部离层裂隙较发育,下部则有较多的破断裂隙出现,并且内外梯台面的高度不同,内梯台面的高度为垮落的最上位亚关键层与煤层底板的高度,外梯台面的高度则为未垮落的最下位亚关键层与煤层底板的高度。如主关键层位于弯曲下沉带下方,其上方由于采动影响及关键层控制作用,将有较少的离层裂隙出现,但与下方的裂隙沟通较为困难。

2. 主关键层接触垮落矸石后

这种情况下,采动裂隙圆矩梯台带将不复存在(图 5.11),内外梯台面高度将趋于一致,采动裂隙带在垮落带将形成圆角矩形圈分布,在断裂带将形成"O"形圈分布,如图 5.7 所示。这时如主关键层位于弯曲下沉带,主关键层仍只控制覆岩弯曲下沉带岩层,上部少有裂隙出现。如主关键层位于弯曲下沉带下方,主关键层在覆岩活动过程中,有可能产生变形甚至破裂,因而其中也存在破断裂隙,仍可与其上离层裂隙沟通,为气体的运移提供通道。

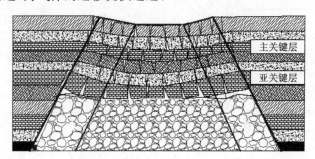

图 5.11　主关键层破断后垂直于煤层的剖面裂隙形态示意图

5.3.2　采动裂隙带动态演化机理

1. 采场覆岩关键层移动破断曲线

1) 未破断关键层的移动下沉曲线

(1) 基本假设。设采场覆岩中有 m 层岩层(图 5.12),各岩层密度为 ρ_i(kg/m³)、弹性模量为 E_i(GPa)、泊松比 μ_i、厚度 h_i(m)、抗拉强度 σ_i(MPa)、弯曲刚度 $D_i =$

$E_i h_i^3 / [12(1 - \mu_i^2)]$，$i=1,\cdots,m$。一般覆岩分层厚为 $2 \sim 20\text{m}$，而采场顶板悬露尺寸为 L（来压步距，一般 $10 \sim 100\text{m}$）和 W_a（工作面宽度，通常 $100 \sim 300\text{m}$），可见 $h_i / \min(L, W_b) < 1/3$，即弹性弯曲变形小于厚度，符合弹性薄板理论要求[250~252]，采用弹性薄板小挠度理论分析覆岩关键层未破断前的移动下沉曲线是可行的。

依据柯克霍夫平板理论，对采场覆岩层作如下基本假设[250,251]：①岩层为连续、均质、各向同性的线弹性体；②垂直于岩板中性面的法向应力 σ_z 所引起的应变 ε_z 为零，即 $\varepsilon_z = 0$；③垂直于岩板中性面的应变分量 ε_z、γ_{zy} 和 γ_{zx} 远小于其他分量可以不计，即 $\gamma_{zy} = \gamma_{zx} = \varepsilon_z = 0$；④在中性面内的各点都没有平行于中性面的位移；⑤板只受垂直于板面的均匀荷载。

（2）关键层下沉曲线的确定。设在图 5.12 所示覆岩中有两层关键层，第一层在煤层之上，第二层为 $n+1$ 层，地表松散层视为 $m+1$ 层。随工作面的推进，第一层坚关键层断裂前，在其下方形成 $L_1 \times W_{a1}$ 面积的采空区，在四周受到煤岩体支承。根据采场覆岩破断立体相似模拟实验，关键层呈"O-X"形破断，即板的外圈破坏形态为"O"形破坏圈，但为简化起见，在不影响工程精度的基础上，可将该岩层简化为四周嵌固的矩形岩板，任取一硬岩层建立如图 5.13 所示的模型。

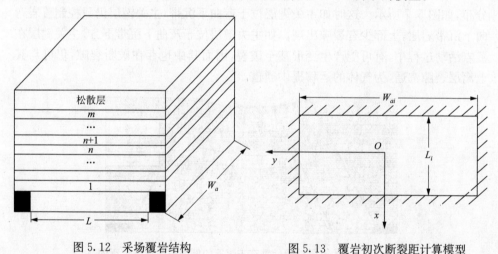

图 5.12　采场覆岩结构　　　　图 5.13　覆岩初次断裂距计算模型

根据弹性薄板的平衡方程、几何方程、物理方程及边界条件[251]，引入一位移函数：

$$w_i = C_i \cos^2\left(\frac{\pi x}{L_i}\right)\cos^2\left(\frac{\pi y}{W_{ai}}\right) = C_i \varphi_i \qquad (5.7)$$

式中，w_i 为第 i 层关键层的下沉量，m；C_i 为待定系数，与工作面推进距离及宽度有关；$W_{ai} = W_a - H_i(c\tan\beta_{i1} + c\tan\beta_{i2}) = W_a - 2H_i c\tan\beta_i$，m；$H_i$ 为第 i 层关键层与煤层顶板的间距，m；β_{i1}、β_{i2} 分别第 i 层关键层进风巷、回风巷处的实测断裂角

(°)，与覆岩岩性、煤层倾角等有关，一般 $\beta_{i1} \neq \beta_{i2}$，但当煤层倾角小于 $10°$ 时，两侧岩层断裂角趋于相等 $\beta_{i1} \approx \beta_{i2} = \beta_i$。

显然，该函数性状满足式(5.8)，可作为位移函数。

$$w_i \big|_{x=\pm L_i/2} = 0 \quad w_i \big|_{y=\pm W_{ai}/2} = 0 \quad \frac{\partial w_i}{\partial x} \Big|_{y=\pm W_{ai}/2} = 0 \quad \frac{\partial w_i}{\partial y} \Big|_{x=\pm L_i/2} = 0 \quad (5.8)$$

令

$$\delta_i = \iint D_i \nabla^4 \varphi_i \varphi_i \, \mathrm{d}x \mathrm{d}y = \frac{\pi^4 D_i}{4 L_i^3 W_{ai}^3} (3 L_i^4 + 2 L_i^2 W_{ai}^2 + 3 W_{ai}^4) \quad (5.9)$$

$$\Delta q_i = \iint q_i \varphi_i \, \mathrm{d}x \mathrm{d}y = \frac{q_i L_i W_{ai}}{4} \quad (5.10)$$

式中，q_i 为第 i 层岩板所受荷载，MPa。

则由式(5.9)、式(5.10)可确定 C_i：

$$C_i = \frac{\Delta q_i}{\delta_i} = \frac{q_i L_i^4 W_{ai}^4}{\pi^4 D_i (3 L_i^4 + 2 L_i^2 W_{ai}^2 + 3 W_{ai}^4)} \quad (5.11)$$

将式(5.11)代入式(5.7)即可得未发生破断关键层的下沉曲线方程为

$$w_i = \frac{q_i L_i^4 W_{ai}^4}{\pi^4 D_i (3 L_i^4 + 2 L_i^2 W_{ai}^2 + 3 W_{ai}^4)} \cos^2\left(\frac{\pi x}{L_i}\right) \cos^2\left(\frac{\pi y}{W_{ai}}\right) \quad (5.12)$$

2) 破断关键层的移动曲线

由岩层控制关键层理论可知，关键层破断后，岩层内部第 i 关键层在工作面、切眼附近的移动曲线 W_{xi}、W'_{xi} (mm)可近似用下述拟合曲线表示：

$$w_i = \begin{cases} W_{\max i} \left[1 - \mathrm{e}^{-\eta_{bi}(x-c_i)} \right] & c_i \leqslant x \leqslant L_b/2 \\ 0 & 0 \leqslant x \leqslant c_i \end{cases} \quad (5.13)$$

式中，$W_{\max i}$ 为第 i 关键层最大下沉量，$W_{\max} = \left[m - \sum h'_i (K'_{pi} - 1) \right]$；$\eta_{bi}$ 为拟合系数，与断裂块度有关，一般 $\eta_{bi} = 0.5/l_i$ [213]；x 为与切眼或工作面的距离，m；c_i 为第 i 关键层断裂处与切眼或工作面距离，$c_i = c \tan\beta_i \sum h'_i$；$\sum h'_i$ 为第 i 关键层到煤层顶板的距离，m；K'_{pi} 为 $\sum h'_i$ 内岩层的残余碎胀系数；l_i 为第 i 关键层岩块断裂块度，m；β_i 为裂角，(°)；L_b 为工作面推进距，m。

可见，上覆岩层移动曲线将主要取决于采高、相应垫层的碎胀系数及其厚度、关键层岩块断裂的长度、与工作面或切眼的距离及断裂角等。其中采高和相应垫层的厚度及碎胀系数主要决定最终下沉值，即基本稳定后的下沉量，关键层的断裂块度及与工作面或切眼的距离(即断裂角、关键层到煤层顶板的距离)影响此曲线挠曲性质。

2. 采动裂隙带动态演化机理

根据前述分析，在开采过程中根据主关键层及相邻亚关键层是否破断，离层裂隙沿走向分布总体有两大阶段及两个层位的特征,因此,其动态演化力学机理分析也从两个方面来进行分析。

1) 主关键层接触垮落矸石后的裂隙演化机理分析

上覆岩层关键层破断后将形成"砌体梁"结构,其形态曲线即是岩层内部的移动曲线,由相似模拟试验中所测的各测线下沉曲线,可绘制当工作面推进到 220m 第三、第四亚关键层(第四、第五排测线)距工作面及距切眼 0~110m 的移动曲线(图 5.14,图 5.15)。

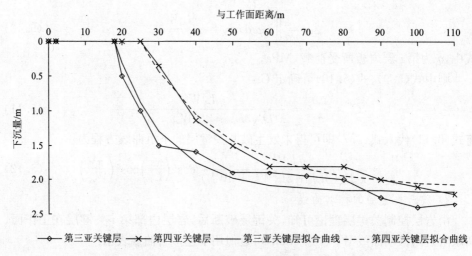

图 5.14　工作面附近关键层移动曲线

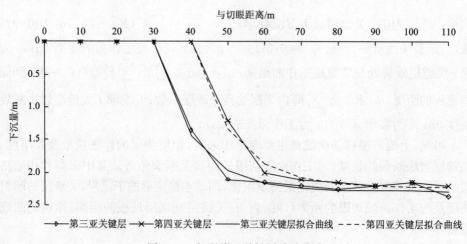

图 5.15　切眼附近关键层移动曲线

第三亚关键层拟合曲线为

$$w = 2.163768[1 - e^{-0.07596(x-18)}] \qquad 18 \leqslant x \leqslant 110 \qquad R = 0.9744$$
$$\tag{5.14}$$

$$w' = 2.2788484[1 - e^{-0.09906(x'-30)}] \qquad 30 \leqslant x' \leqslant 110 \qquad R = 0.9929$$
$$\tag{5.15}$$

$$w = w' = 0 \qquad 0 \leqslant x \leqslant 18 \qquad 0 \leqslant x' \leqslant 30 \tag{5.16}$$

第四亚关键层拟合曲线为

$$w = 2.1096847[1 - e^{-0.04601(x-25)}] \qquad 25 \leqslant x \leqslant 110 \qquad R = 0.9865$$
$$\tag{5.17}$$

$$w' = 2.2170072[1 - e^{-0.090886(x'-40)}] \qquad 40 \leqslant x' \leqslant 110 \qquad R = 0.9953$$
$$\tag{5.18}$$

$$w = w' = 0 \qquad 0 \leqslant x \leqslant 25 \qquad 0 \leqslant x' \leqslant 40 \tag{5.19}$$

式中，w、w' 分别为工作面、切眼附近下沉曲线，m；x、x' 分别为与工作面、切眼距离，m。

若煤层开采厚度为 5m，覆岩中有两相邻关键层第一和第二关键层，其基本条件如表 5.5 所示。则由式(5.13)可得当工作面推进到 280m 时，第一、第二关键层的下沉曲线为

$$w_1 = \begin{cases} 4.1[1 - e^{-0.0625(x-25.20)}] & 25.2 \leqslant x \leqslant 140 \\ 4.1[1 - e^{-0.0625(254.8-x)}] & 140 \leqslant x \leqslant 254.8 \\ 0 & 0 \leqslant x \leqslant 25.2 \quad 254.8 \leqslant x \leqslant 280 \end{cases} \tag{5.20}$$

$$w_2 = \begin{cases} 2.5[1 - e^{-0.0417(x-41.9_i)}] & 41.9 \leqslant x \leqslant 140 \\ 2.5[1 - e^{-0.0417(238.1-x_i)}] & 140 \leqslant x \leqslant 238.1 \\ 0 & 0 \leqslant x \leqslant 41.9 \quad 238.1 \leqslant x \leqslant 280 \end{cases} \tag{5.21}$$

表 5.5　关键层破断后基本条件

条件	碎胀系数	距煤层顶板距离/m	断裂角/(°)	断块长/m	断裂点与边界距离/m
关键层一	1.03	30	50	8	25.2
关键层二	1.05	50	50	12	41.9

绘出两关键层的下沉曲线及两岩层间离层量分布，如图 5.16 所示。由该图可见，在采空区内，断块长的岩层下沉值小于断块短的岩层下沉值，并随着与开采边界距离增大，二者下沉值趋于稳定，由于碎胀的影响第一关键层与第二关键层的下沉量相差值稳定在 1.6m。上、下两岩层下沉量的不同导致了离层的产生，且在采空区上方形成的离层裂隙主要分布在采空区的边界一侧，从而在采空区周边形成采动裂隙分布的圆角矩形圈。

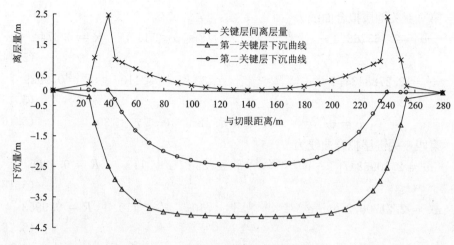

图 5.16　关键层下沉曲线及离层量分布

2) 主关键层接触垮落矸石前的裂隙演化机理分析

(1) 下层位裂隙演化机理。煤层开采后,当开采区域达到一定范围时,悬空顶板在自重和其上位岩层压力作用下发生显著的下沉弯曲和离层,当内部应力超过允许强度时就会发生破坏、断裂,处于下位的岩层破坏以后,其上位岩层也以同样的方式发生下沉、弯曲和离层,直至破坏。下层位(即垮落的最上位亚关键层下部)的裂隙演化规律同主关键层垮落后,因此,其形成机理与主关键层垮落后的裂隙演化机理类似,即由于垮落关键层断裂块度的不一致,引起曲线挠度不一样,从而在采空区的边界一侧形成非连续变形的不协调性离层。

(2) 上层位裂隙演化机理分析。岩层垮落后,破碎岩体的体积发生膨胀,减少了上部岩层的下沉量,同时由于变形范围的逐步扩展减小了岩层弯曲的曲率,这样当岩层破坏发展到一定的高度后,岩层只发生下沉、弯曲,不发生垂直于层面方向断裂破坏,保持岩层本身的整体性。垮落的关键层移动曲线仍可用式(5.13)来表示,未垮落关键层移动曲线则用式(5.12)来表示。显然,垮落关键层的移动曲线性质同式(5.14),而未垮落关键层的移动曲线主要取决于关键层所控岩层载荷、关键层自身弹性模量、泊松比、厚度、关键层在走向及倾向的悬空距离等因素。

假设煤层开采厚度为 4.5m,工作面宽 160m,覆岩中有两层关键层,第一关键层下方碎胀系数为 1.1,倾向、走向断裂角分别为 60°、50°,条件如表 5.6 所示。

表 5.6　基本假设条件

条件	层厚/m	距煤层顶板距离/m	弹性模量/GPa	泊松比	承受载荷/MPa	抗拉强度/MPa	初次断距/m	周期断距/m
关键层一	3	40	1	0.22	0.21	6	25.5	9.5
关键层二	7	60	1	0.20	0.25	6	64.9	31.8

当工作面推进到 160m 时,第一关键层已发生数次周期破断,第二关键层未破断,则由式(5.13)可得第一关键层的下沉曲线:

$$w_1 = \begin{cases} 3[1-e^{-0.05(x-33.6)}] & 33.6 \leqslant x \leqslant 80 \\ 3[1-e^{-0.05(126.4-x)}] & 80 \leqslant x \leqslant 126.4 \\ 0 & 0 \leqslant x \leqslant 33.6 \quad 126.4 \leqslant x \leqslant 160 \end{cases} \qquad (5.22)$$

根据式(5.12)可得第二关键层沿走向的下沉曲线:

$$w_2 = \begin{cases} 0.252\cos^2[\pi(80-x)/59.4] & 50.3 \leqslant x \leqslant 109.7 \\ 0 & 0 \leqslant x \leqslant 50.3 \quad 109.7 \leqslant x \leqslant 160 \end{cases} \qquad (5.23)$$

绘出第一关键层所控覆岩上表面与及第二关键层的下沉曲线及离层量分布(图 5.17)。

由图 5.17 可见,垮落关键层的下沉量较大,而未垮落关键层的下沉量较小,且最大下沉量基本上位于采空区中部。同时,未垮落的关键层在覆岩应力作用下产生法向弯曲(挠曲),由于岩性的不同,其垂直移动将不协调发生纵向分离,当未垮关键层具有较大的刚度,垮落关键层又有足够的移动空间高度,则未垮关键层的下表面与垮落关键层所控岩层的上表面间将形成离层空间,且二者最大下沉量也位于采空区中部。因此,未垮落关键层与垮落关键层间形成了采空区中部离层最为发育的梯台状分布特征。

综上分析可知,采动裂隙带形成第一阶段特征的条件是覆岩中至少要存在两层关键层,且其层位要位于垮落带之上;形成第二阶段特征的条件是覆岩中至少要存在一层关键层,且其层位要位于垮落带之上。

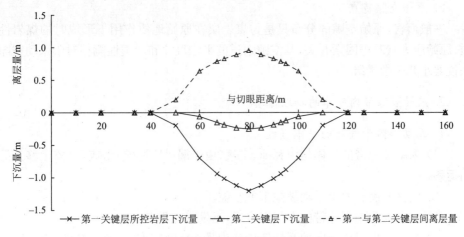

图 5.17　关键层下沉曲线及离层量分布

第6章　采动裂隙带卸压瓦斯运移规律数值模拟

6.1　采动裂隙带及其中卸压瓦斯特点

6.1.1　采动裂隙带的多孔介质性质

1. 采动裂隙带空隙组成特征

煤层开采后,在采动裂隙带存在大量的空隙,空隙系统是由煤岩体的层理、节理和裂隙组成。从形成原因上可分为两种不同的空隙:一是煤岩体在原始地质作用下所形成的原始孔隙、裂隙;二是由于煤岩层受采掘活动的影响而形成的次生裂隙(采动裂隙)。因此,在采动裂隙带将形成两种特点相差很大的空隙。

1) 采动空隙特点

采动空隙的分布具有很大随机性,一般情况下空隙较大,其与工作面的采高、垮落岩块的大小和排列状况、本层和邻近煤岩层岩性以及二次应力分布状况等因素有关,并且其空隙通道的平均尺寸和渗透能力都很大。它是采动裂隙带瓦斯气体(或瓦斯-空气混合气体)流动的主要通道。

2) 原始空隙特点

一般而言,原始空隙的分布只是与煤岩层在原始地质作用下形成时的煤岩性质、原始应力状况等因素有关,其空隙通道的平均尺寸和渗透性能相对于采动空隙来说要小几个数量级。

2. 采动裂隙带内气体的物理性质

1) 采动裂隙带气体的基本假设

(1) 采动裂隙带的气体是由瓦斯、空气(由于漏风所造成)组成,气体运移为等温运移。

(2) 气体充满于整个采动裂隙带的空隙。

(3) 瓦斯与采动裂隙带的空气混合后,不发生化学变化。

(4) 含瓦斯煤岩块体中的瓦斯解析认为是在瞬间完成的,忽略其解析时间。

2) 采动裂隙带气体的基本物理性质

(1) 裂隙带中气体的浓度,包括瓦斯体积浓度和瓦斯质量浓度。

裂隙带瓦斯体积浓度 c'_g：混气中瓦斯所占体积 (V_g, m³) 与混气体积 (V, m³)

的百分比,即

$$c'_g = \frac{V_g}{V} \times 100\% \tag{6.1}$$

裂隙带瓦斯质量浓度 c_g:混气中瓦斯质量 (m_g, kg) 与混气总质量 (m, kg) 的百分比,即

$$c_g = \frac{m_g}{m} \times 100\% \tag{6.2}$$

瓦斯质量浓度与体积浓度关系:

$$c'_g = \frac{M_a c_g}{M_g + (M_a - M_g)c_g} \tag{6.3}$$

式中,M_g 为瓦斯摩尔质量,kg/mol; M_a 为空气摩尔质量,kg/mol。

(2) 裂隙带混气的密度,介绍如下。

裂隙带中瓦斯的密度 ρ_g:单位体积混气中瓦斯的质量 (m_g, kg),即

$$\rho_g = \frac{m_g}{V} = \frac{pM_g}{R_0 T} \tag{6.4}$$

式中,R_0 为普适气体常数, $R_0 = 8.31 J/(mol \cdot K)$; T 为绝对温度,K。

裂隙带中空气密度 ρ_a:单位体积混气中空气的质量 (m_a, kg),即

$$\rho_a = \frac{m_a}{V} = \frac{pM_a}{R_0 T} \tag{6.5}$$

裂隙带混气的密度 ρ:

$$\rho = \rho_a(1 - c'_g) + \rho_g c'_g \tag{6.6}$$

将式(6.4)、式(6.5)代入式(6.6)中,可得用体积浓度表示的混气密度:

$$\rho = \frac{p}{R_0 T}[M_a - (M_a - M_g)c'_g] \tag{6.7}$$

将式(6.3)代入式(6.7)中,可得用质量浓度表示的混气密度:

$$\rho = \frac{p}{R_0 T}\left[\frac{M_a M_g}{M_g + (M_a - M_g)c_g}\right] \tag{6.8}$$

3. 采动裂隙带的多孔介质性质

1) 多孔介质的概念

1972 年 Bear 以表征性体积单元(简称表征单元体,REV, representative elementary volume)作为控制单元,根据质量守恒方程和动量守恒方程推导出了多孔介质(porous medium)中岩石渗流微分控制方程。他认为,表征单元体应当具有以下两个特征[253]:

(1) 表征单元体相对于整个研究区域的尺寸应当非常小,否则平均的结果就不能代表在多孔介质中任一点所发生的现象;

（2）表征单元体和单个孔隙比较应足够大，必须包含足够数目的孔隙（空隙），这样才可按连续介质概念要求进行有意义的统计平均。如果介质为非均匀介质时，例如介质的孔隙度在空间上变化时，表征单元体长度上限应当是特征长度（表示孔隙度发生变化的速度），其下限与孔隙或颗粒大小有关。

对于多孔介质，孔隙率是其骨架的基本性质，故可通过其概念定义表征单元体。设 P 是多孔介质区域内的一个数学点，现考虑一个比单个孔隙或颗粒大得多的球体体积（P 是其质心），对该体积可确定的比值：

$$n_i \equiv n_i(\Delta u_i) = (\Delta u_v)_i / \Delta u_i \tag{6.9}$$

式中，$(\Delta u_v)_i$ 为 Δu_i 孔隙空间体积；Δu_i 为 i 点体积。

重复同样过程，逐步缩小以 P 为质心的 Δu_i 尺寸，当 $\Delta u_1 > \Delta u_2 > \Delta u_3 \cdots$，便得到一系列的 $n_i(\Delta u_i)$ 值，对于那些大的 Δu_i 值来说，当 Δu_i 减少时，比值 n_i 可逐渐变化，特别当所研究的区域为非均质介质时更是如此。图 6.1 表示 n_i 与 Δu_i 间的关系。

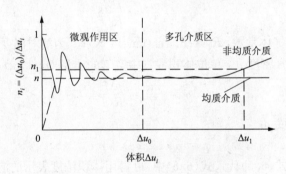

图 6.1　孔隙率与表征单元体的定义

介质在 P 点的体孔隙率 $n(P)$ 的定义是，当 $\Delta u_i \rightarrow \Delta u_0$ 时，比值 n_i 的极限：

$$n(P) = \lim_{\Delta u_i \rightarrow \Delta u_0} n_i[\Delta u_i(P)] = \lim_{\Delta u_i \rightarrow \Delta u_0} \frac{(\Delta u_v)_i(P)}{\Delta u_i} \tag{6.10}$$

由上式可知，体积 Δu_0 就是多孔介质在数学点 P 处的表征单元体，即多孔介质在数学点 P 处的物理点或物质点，并且当 Δu_i 增减一个或几个孔隙时，对 n 值不会有明显的影响。

力学表征单元体中具有同一相态力学响应特征的部分称为一种"相组分"。煤岩体表面吸附的气体分子不能自由移动，已具有固体的性质，即可成为固相组分的组成成分，多相流中的固体颗粒已具有流体性质，故为流相组分的组成成分。表征单元体中最多有三种类型的相组分：固相组分、液相组分和气相组分，而液相组分和气相组分又可统称为流相组分。表征单元体由两种或两种以上相组分组成的介质，称为多相介质。

根据上述,关于多孔介质的定义,渗流力学认为[253]:①多相介质占据一部分空间,即在多相介质中至少有一相不是固体;②多孔介质所占据的范围内,固体相应遍及整个多孔介质,即在每一个表征单元体内必须存在固体颗粒;③至少构成空隙空间的某些孔洞应当互相连通,即从介质的一侧到另一侧至少有若干连续的通道。

2) 采动裂隙带的多孔介质性质

对于煤矿井下采场上覆岩层所形成的采动裂隙带,从以上采动裂隙带中煤岩体破坏特征以及其内的气体特点来看,对应于上述多孔介质定义,认为:

(1) 如将采动裂隙带视为一个研究整体,它是由气体(瓦斯或瓦斯、空气混合气体)、煤岩固体岩块以及裂隙组成;

(2) 裂隙带中破坏的煤岩块之间的裂隙相对于整个裂隙带范围比较狭窄;

(3) 裂隙带各岩层或岩块之间的空隙显然也是连通的。

因此,可认为采场上覆岩层所形成的采动裂隙带具有渗流力学中所描述的多孔介质的性质,为在其中进行瓦斯运移规律的研究提供了理论基础。

6.1.2　采动裂隙带内瓦斯来源及其流态分析

1. 采动裂隙带内瓦斯来源分析

采动裂隙带瓦斯的来源与含瓦斯煤岩层赋存状况及开采技术条件有关,采动裂隙带瓦斯主要来自开采层和邻近层(图 6.2),具体由以下四个方面组成。

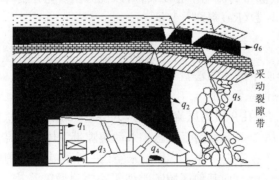

图 6.2　采动裂隙带的瓦斯涌出源

1) 开采层煤壁瓦斯涌出

开采层煤壁瓦斯涌出由两部分组成,一是回采工作面由于煤壁的不断暴露而涌出的瓦斯 q_1;二是在矿山压力作用下,综放支架上前方的顶煤的应力平衡状态遭到破坏,出现透气性大大增加的卸压带。由于煤体内部到煤壁间存在着瓦斯压力梯度,瓦斯沿卸压带裂隙从顶煤壁涌入裂隙带,表现为沿流场边界持续稳定涌出 q_2。

2) 采放落煤的瓦斯涌出

顾名思义,采放落煤的瓦斯涌出是由两部分构成,一是采落煤炭的瓦斯涌出

q_3；二是放冒顶煤时，当煤层由整体垮落为松散体时，内部的瓦斯在短时间内的释放，表现为流边界放煤处的瓦斯瞬间涌出 q_4。

3）采空区遗煤的瓦斯涌出

采空区遗煤的瓦斯涌出主要是残留在采空区的放落煤炭继续释放的瓦斯 q_5，其主要由煤层的采出率所控制并随时间的推移逐渐减少。

4）邻近煤岩层的瓦斯涌出

若工作面有上下邻近煤层或工作面的围岩也含有瓦斯时，则应考虑邻近煤层以及围岩瓦斯涌出 q_6。

由图 6.2 可见 q_1、q_3 和 q_4 首先直接涌入工作面风流中，接着随工作面漏风进入采动裂隙带，然后与 q_2、q_5 和 q_6 一起进入工作面风流，表现为采空区瓦斯涌出。

采动裂隙带各瓦斯涌出源的瓦斯涌出量大小除主要取决于煤层瓦斯含量外，还与开采强度密切相关。在煤层瓦斯含量为定值的情况下，q_1、q_2、q_3 和 q_4 的大小与工作面采、放煤量成正比；q_5 除与产量有关外，还与工作面回采率密切相关，回采率越小，则 q_5 越大。瓦斯源 q_6 除取决于开采强度外，还与邻近层厚度、邻近层至开采层距离、层间岩层性质、邻近层瓦斯原始压力以及煤层透气性系数等因素密切相关。

2. 采动裂隙带内气体的流态分析

气体在采动裂隙带的流动十分复杂，可以视为在多孔介质内的渗流，其内气体流态可用 Reynolds 数（Re）判别[254]，即

$$Re = \frac{q \cdot k}{v \cdot d_m} \tag{6.11}$$

式中，q 为多孔介质中流体的渗流速度，m/s；k 为渗透率，m²；d_m 为平均调和粒径，m；v 为运动黏性系数，m²/s。

实验表明[255]：多孔介质内风流渗流时，$Re \leqslant 0.25$ 为层流状态，$0.25 < Re \leqslant 2.5$ 为过渡流态，$Re > 2.5$ 为湍流状态。采动裂隙带气体的渗流包括层流区、过渡流区及湍流区，一般在靠近采煤工作面的采空区一个很小的范围内，漏风风速较大（Re 数最大可达到 265），而其他区域则类似于小雷诺数的渗流。因此，可以认为：采动裂隙带气体的渗流规律在孔隙压力变化的微段内可视为线性，遵从达西定律（Darcy's law），而在整个区段上则服从非线性渗流规律，可用 Ergun 方程（1952年）来表示[256]，即

$$\frac{\partial \varphi_i}{\partial x_i} = -\frac{\mu}{k}q_i - C_2 \rho q_i{}^2 \tag{6.12}$$

式中，φ_i 为采动裂隙带的气压函数，一般考虑重力的影响，$\varphi_i = p + \rho g_i$；C_2 为内部损失率，$C_2 = \dfrac{1.75(1-n)}{n^3}$；$n$ 为孔隙率，$n = 1 - 1/K_p$；K_p 为采动裂隙带某点的碎

胀系数,可由物理相似模拟实验确定。

将 n 的表达式代入内部损失率可得

$$C_2 = \frac{1.75K_p}{(1-K_p)^3} \tag{6.13}$$

6.2　采动裂隙带卸压瓦斯运移数学模型及其解法

6.2.1　采动裂隙带卸压瓦斯运移数学模型

1. 层流与湍流流动方程

采动裂隙带瓦斯运移及抽采涉及层流、湍流等规律,因此,选用高低雷诺数都可适应且工程流场领域使用最多的 RNG $k-\varepsilon$ 模型。该模型是 Yakhot 及 Orzag 使用重正化群(renormalization group)方法,从暂态 Navier-Stokes 方程中推出的,主要由湍流动能(k)方程、湍流动能耗散率(ε)扩散方程组成[257~260]。

1) 湍流动能 k 方程

$$\frac{\partial}{\partial t}(\rho k) + \frac{\partial}{\partial x_i}(\rho k u_i) = \frac{\partial}{\partial x_j}\left(\alpha_k(\mu+\mu_t)\frac{\partial k}{\partial x_j}\right) + G_k + G_b - \rho\varepsilon - Y_M + S_k \tag{6.14}$$

式中, t 为时间,s; ρ 为混气密度,kg/m³; K 为湍流动能,m²/s²; u_i 为时均速度,m/s; α_k 为湍动能 k 对应的 Prandtl 数; μ 为流体动力黏度,Pa·s; μ_t 为湍动黏度,Pa·s; $G_b = -g_i\frac{\mu_t}{\rho Pr_t}\frac{\partial\rho}{\partial x_i}$; g_i 为重力加速度,m/s²; Pr_t 为湍动 Prandtl 数; $Y_M = 2\rho\varepsilon M_t$; M_t 为湍动 Mach 数, $M_t = \sqrt{k/a^2}$; a 为声速,m/s; E 为耗散率,m²/s³; $G_k = \mu_t\left(\frac{\partial u_i}{\partial x_j}+\frac{\partial u_j}{\partial x_i}\right)\frac{\partial u_i}{\partial x_j}$; S_k 为源项,kg/(m·s³)。

2) 湍流动能耗散率 ε 扩散方程

$$\frac{\partial}{\partial t}(\rho\varepsilon) + \frac{\partial}{\partial x_i}(\rho\varepsilon u_i) = \frac{\partial}{\partial x_j}\left[\alpha_\varepsilon(\mu+\mu_t)\frac{\partial k}{\partial x_j}\right] + C_{1\varepsilon}\frac{\varepsilon}{k}(G_k + C_v G_b)$$
$$- C_{2\varepsilon}\rho\frac{\varepsilon^2}{k} - R_\varepsilon + S_\varepsilon \tag{6.15}$$

式中, α_ε 为耗散率 ε 对应的 Prandtl 数; S_ε 为源项,kg/(m·s⁴); $\eta = (2E_{ij}\cdot E_{ij})^{1/2}\cdot\frac{k}{\varepsilon}$; $R_\varepsilon = \frac{C_\mu\rho\eta^3(1-\eta/\eta_0)}{1+\beta\eta^3}\cdot\frac{\varepsilon^2}{k}$, kg/(m·s⁴), $E_{ij} = \frac{1}{2}\left(\frac{\partial u_i}{\partial x_j}+\frac{\partial u_j}{\partial x_i}\right)$, s⁻¹; $C_{1\varepsilon}$、$C_{2\varepsilon}$、C_v 为模型无量纲常数。

同时,为适应低雷诺数、近壁流和修正湍流在层流中受到漩涡影响,包含了有效速度及漩涡修改模型方程,即

$$d\left(\frac{\rho^2 k}{\sqrt{\mu_t \varepsilon}}\right) = 1.72 \frac{\hat{v}}{\sqrt{\hat{v}^3 - 1 + C_v}} d\hat{v} \tag{6.16}$$

式中，$\hat{v} = (\mu + \mu_t)/\mu$，其中 μ_t 针对不同流态取值不同，湍流、漩涡分别按式 (6.17)、式 (6.18) 确定。

$$\mu_t = 0.0845\rho k^2/\varepsilon \tag{6.17}$$

$$\mu_t = \mu_{t_0} f(\alpha_s, \Omega, k/\varepsilon) \tag{6.18}$$

式中，μ_{t_0} 为黏度未修正值，Pa·s；α_s 为常数；Ω 为估计值。

2. 瓦斯质量守恒方程

采动裂隙带中瓦斯在空气中的输送要满足瓦斯质量守恒定律。

$$\frac{\partial}{\partial t}(\rho c_g) + \frac{\partial}{\partial x_i}(\rho c_g u_i) = -\frac{\partial}{\partial x_i}(J_g) + S_g \tag{6.19}$$

式中，c_g 为瓦斯体积分数，m^3/m^3；J_g 为瓦斯扩散通量，$kg/(m^2 \cdot s)$，层流、湍流分别由式 (6.20)、式 (6.21) 确定；S_g 为瓦斯源项的额外产生率，$kg/(m^3 \cdot s)$。

$$J_g = -D\rho \frac{\partial}{\partial x_i}(c_g) \tag{6.20}$$

式中，D 为瓦斯扩散系数，m^2/s。

$$J_g = -\left(D\rho + \frac{\mu_t}{Sc_t}\right)\frac{\partial}{\partial x_i}(c_g) \tag{6.21}$$

式中，Sc_t 为湍流施密特数。

3. 连续性方程

在采动裂隙带中取一个微小单元体，即控制体。其具有的特征为，单元体一方面足够大，使其含有相当多的煤岩块体和孔隙，以便得到一些与孔隙介质有关的、稳定的及有意义的物理量；另一方面，这个单元体又要取得足够小，使其与整个采动裂隙带相比可以近似为一个点，从而使整个采动裂隙带看成是由孔隙介质质点所组成的多孔连续介质。于是根据瓦斯在采动裂隙带的质量守恒定律，得到由渗流速度表示的连续方程：

$$\frac{\partial}{\partial t}(\rho n) + \frac{\partial}{\partial x_i}(\rho q_i) = nS_g \tag{6.22}$$

多孔介质气体流动的平均流速与渗流速度的关系为

$$u_i = q_i/n \tag{6.23}$$

将式 (6.23) 代入式 (6.22) 可得

$$\frac{\partial \rho}{\partial t} + \frac{\partial}{\partial x_i}(\rho u_i) = S_g \tag{6.24}$$

4. 动量守恒方程

惯性坐标系中 i 方向上，多孔介质的动量守恒方程为

$$\frac{\partial}{\partial t}(\rho u_i) + \frac{\partial}{\partial x_j}(\rho u_i u_j) = \frac{\partial \tau_{ij}}{\partial x_j} - \frac{\partial p}{\partial x_i} + \rho g_i + F_i \tag{6.25}$$

式中，τ_{ij} 为应力张量，$\tau_{ij} = \mu_{eff}\left[\left(\frac{\partial u_i}{\partial x_j} + \frac{\partial u_j}{\partial x_i}\right) - \frac{2}{3}\frac{\partial u_i}{\partial x_i}\delta_{ij}\right]$，$\mu_{eff} = \mu + \mu_t$；$\delta_{ij}$ 为 Kroneker 记号，$\delta_{ij} = \begin{cases} 1 & i = j \\ 0 & i \neq j \end{cases}$；$g_i$ 为 i 方向上的重力体积力和外部体积力；F_i 为自定义及多孔介质源项。

式 (6.25) 还可以写成如下形式：

$$\frac{\partial}{\partial t}(\rho u_x) + \frac{\partial}{\partial x_j}(\rho u_x u_j) = \frac{\partial}{\partial x_j}\left(\mu_{eff}\frac{\partial u_x}{\partial x_j}\right) - \frac{\partial p}{\partial x} + \rho g_x + Q_x \tag{6.26}$$

$$\frac{\partial}{\partial t}(\rho u_y) + \frac{\partial}{\partial x_j}(\rho u_y u_j) = \frac{\partial}{\partial x_j}\left(\mu_{eff}\frac{\partial u_y}{\partial x_j}\right) - \frac{\partial p}{\partial y} + \rho g_y + Q_y \tag{6.27}$$

$$\frac{\partial}{\partial t}(\rho u_z) + \frac{\partial}{\partial x_j}(\rho u_z u_j) = \frac{\partial}{\partial x_j}\left(\mu_{eff}\frac{\partial u_z}{\partial x_j}\right) - \frac{\partial p}{\partial z} + \rho g_z + Q_z \tag{6.28}$$

式中，$Q_i = \frac{\partial}{\partial x_j}\left(\mu_{eff}\frac{\partial u_j}{\partial x_i}\right) - \frac{2}{3}\frac{\partial}{\partial x_i}\left(\frac{\partial u_j}{\partial x_i}\right) + \sum_{j=1}^{3}\boldsymbol{D}_{ij}\mu_{eff}q_j + \sum_{j=1}^{3}\boldsymbol{C}_{ij}\frac{1}{2}\rho|q_j|q_j$；$\boldsymbol{D}_{ij}$、$\boldsymbol{C}_{ij}$ 分别为规定的矩阵。

5. 方程的定解条件

1) 初始条件

给定初始时刻压力及浓度的初始值，即

$$\begin{cases} \varphi_{(t=0)} = P_0(x,y,z,t) \\ \varphi_{(t=0)} = c_g(x,y,z,t) \end{cases} \tag{6.29}$$

2) 边界条件

主要有以下三类边界条件：

(1) 第一类边界条件：在边界上给定流体压力及浓度值，即

$$\begin{cases} c_g(x,y,z,t)|_{S_1} = f_1(x,y,z,t) \\ P(x,y,z,t)|_{S_1} = f_2(x,y,z,t) \end{cases} \tag{6.30}$$

式中，S_1 为边界曲面，$(x,y,z) \in S_1$。

(2) 第二类边界条件：在边界给定流量值及瓦斯气体的浓度弥散通量值，即

$$\begin{cases} q_i(x,y,z,t) \cdot n_i|_{S_1} = f_3(x,y,z,t) \\ \boldsymbol{D}_{ij}\dfrac{\partial c_g}{\partial x_j} \cdot n_i\Big|_{S_1} = f_4(x,y,z,t) \end{cases} \quad (i = x,y,z) \tag{6.31}$$

式中，n_i 为 S_1 的外法线方向单位矢量在 x,y,z 轴的分量。

(3)第三类边界条件：部分边界给定风压值或风量值，以及瓦斯气体通量值。

对于 u_x、u_y、u_z、k、ε、ρ、c_g 和 p 等未知量，总共有式(6.8)、式(6.14)、式(6.15)、式(6.19)、式(6.24)和式(6.25)等基本方程，只要再结合式(6.29)～式(6.31)的初始条件和边界条件，方程组是封闭可解的。

6.2.2　采动裂隙带卸压瓦斯运移模型的数值解法

1. 卸压瓦斯运移数学模型的通用形式

为了便于对组成采动裂隙带卸压瓦斯运移数学模型中的主要控制方程式(6.14)、式(6.15)、式(6.19)、式(6.24)和式(6.25)进行分析，并用同一程序对各方程进行求解，现建立其通用形式。比较主要控制方程可以看出，方程中变量均反映了单位时间单位体积内物理量的守恒性质。如用 ϕ 表示通用变量，则上述各控制方程均可以表示成以下通用形式[257～260]：

$$\frac{\partial}{\partial t}(\rho\phi)+\frac{\partial}{\partial x_i}(\rho\phi u_i)=\frac{\partial}{\partial x_j}\left(\Gamma\frac{\partial\phi}{\partial x_j}\right)+S \tag{6.32}$$

式中，ϕ 为通用变量；Γ 为广义扩散系数；S 为广义源项。

作用散度符号，上式记为

$$\frac{\partial}{\partial t}(\rho\phi)+\mathrm{div}(\rho\phi u)=\mathrm{div}(\Gamma\mathrm{grad}\phi)+S \tag{6.33}$$

式(6.33)中各项依次为瞬态项、对流项、扩散项和源项，对于特定的方程，ϕ、Γ 和 S 有特定的形式，表 6.1 给出了三个符号与各特定方程的对应关系。

表 6.1　通用控制方程中各符号的具体形式

符号 方程	ϕ	Γ	S
湍流动能方程	k	$\alpha_k(\mu+\mu_t)$	$G_k+G_b-\rho\varepsilon-Y_M+S_k$
耗散率扩散方程	ε	$\alpha_\varepsilon(\mu+\mu_t)$	$C_{1\varepsilon}\dfrac{\varepsilon}{k}(G_k+C_\nu G_b)-C_{2\varepsilon}\rho\dfrac{\varepsilon^2}{k}-R_\varepsilon+S_\varepsilon$
连续方程	1	0	S_g
x—动量守恒方程	u_x	$\mu+\mu_t$	$-\partial p/\partial x+\rho g_x+Q_x$
y—动量守恒方程	u_y	$\mu+\mu_t$	$-\partial p/\partial y+\rho g_y+Q_y$
z—动量守恒方程	u_z	$\mu+\mu_t$	$-\partial p/\partial z+\rho g_z+Q_z$
瓦斯质量守恒方程	c_g	$D\rho$	S_g

由于所有的控制方程都可以经过数学的方法来处理，将方程中的变量、时变项、对流项和扩散项写成标准形式，并将方程右端集中在一起定义成源项，于是可化为如式(6.33)的通用微分方程。在实际应用中只要写出求解方程[式(6.33)]源

程序,就可求解不同类型边界条件下的采动裂隙带中瓦斯运移问题。对于不同的 ϕ,只要重复调用该程序,并给定 Γ 和 S 适当的表达式、初始条件和边界条件,便可求解。

2. 基于有限体积法的控制方程离散

1) 控制方程的离散方法简介

对于在求解域内所建立的偏微分方程,由于所处理问题自身的复杂性,有时候很难获得其真解,此时就需要通过数值计算的方法把计算域内有限数量位置(网格节点)上的因变量值当作基本未知量来处理,建立关于这些未知量的代数方程,然后通过求解方程得到这些节点值,而其他位置上的值可依据节点位置来确定,于是定解问题的数值解法分成两个阶段。第一个阶段是用网格线将连续的计算域划分为网格节点集,建立离散方程组;第二个阶段是求解离散方程组得到节点解。一般认为节点间的近似解光滑变化,可应用插值方法确定,从而得到定解问题在整个计算域上的近似解。增大网格节点密度,当达到一定程度时,离散方程的解将趋于精确解[257~260]。

对网格的要求和使用方式,不同的离散方法是不一样的。根据上述瓦斯运移模型,本书选择在计算流体动力学(computer fluid dynamics,CFD)领域广泛使用的有限体积法(finite volume method,FVM)来进行离散,该方法又称为控制体积法(control volume method,CVM)。其基本思路是[257~260]:将计算区域划分为一系列不重复控制体积,并使网格点周围有控制体积;将待解的微分方程对应每一个控制体积积分,于是便得出一组离散方程。为了求出控制体积积分,应假定该值在网格点之间的变化规律。对于离散方法,有限体积法可视作有限单元法和有限差分法的中间物,即有限体积法只寻求结点值,这与有限差分法类似,但该方法在寻求控制体积的积分时,须假定值在网格点之间的分布规律,这与有限单元法很像。在有限体积法中,插值函数只用于计算控制体积的积分,得出离散方程之后,便可删掉插值函数,根据实际需要,可以对微分方程中不同的项采取不一样的插值函数。

有限体积法得出的离散方程,要求因变量的积分守恒对任意控制体积都应满足,这样对于整个计算区域也就得到了满足。实际模拟中,使用计算网格来划分整个计算域(三维模式下的计算网格及控制体积如图 6.3 所示),网格中由虚线所围成的小方块是控制体积,相应的实线交点是计算节点,这样一个控制体积所包围单个节点。

图 6.3 中 P 为一个广义的节点,其东西两侧的相邻节点分别用 E 和 W 标识,南北两侧的相邻节点分别用 S 和 N 标识,上下两侧的相邻节点分别用 H 和 B 标识,与各节点相对应的控制体积也用相应字符标识。控制体积的东西南北上下六个界面分别用 e、w、s、n、h 和 b 标识。控制体积在 x、y 与 z 方向的宽度分别用 Δx、

Δy 和 Δz 表示,控制体积的体积 $\Delta V = \Delta x \Delta y \Delta z$,节点 P 到 E、W、S、N、H 和 B 的距离分别用 $(\delta x)_e$、$(\delta x)_w$、$(\delta y)_s$、$(\delta y)_n$、$(\delta z)_h$ 和 $(\delta z)_b$ 表示。

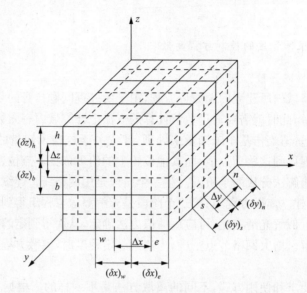

图 6.3　计算网格及控制体积

针对图 6.3 所示的计算网格,在控制体积 P 及时间段 Δt(时间从 t 到 $t + \Delta t$)上积分控制方程[式(6.33)],有

$$\int_t^{t+\Delta t} \int_{\Delta V} \frac{\partial (\rho \phi)}{\partial t} \mathrm{d}V \mathrm{d}t + \int_t^{t+\Delta t} \int_{\Delta V} \mathrm{div}(\rho \phi u) \mathrm{d}V \mathrm{d}t$$

$$= \int_t^{t+\Delta t} \int_{\Delta V} \mathrm{div}(\Gamma \mathrm{grad}\phi) \mathrm{d}V \mathrm{d}t + \int_t^{t+\Delta t} \int_{\Delta V} S \mathrm{d}V \mathrm{d}t \tag{6.34}$$

2)控制方法各项的处理

(1)瞬态项的处理。假设 ϕ 在整个控制体积 P 上均具有节点处的值 ϕ_P,同时 ρ 在时间段 Δt 上的变化量极小,则瞬态项变为

$$\int_t^{t+\Delta t} \int_{\Delta V} \frac{\partial (\rho \phi)}{\partial t} \mathrm{d}V \mathrm{d}t = \int_{\Delta V} \left[\int_t^{t+\Delta t} \rho \frac{\partial \phi}{\partial t} \mathrm{d}t \right] \mathrm{d}V = \rho_P^0 (\phi_P - \phi_P^0) \Delta V \tag{6.35}$$

式中,ρ_P^0 为当 t 时在控制体积 P 的节点 P 处的密度;ϕ_P、ϕ_P^0 为当 $t + \Delta t$、t 时,在控制体积 P 的节点 P 处 ϕ 值。

(2)对流项的处理。根据高斯散度定理,将体积分转化为面积分有

$$\int_t^{t+\Delta t} \int_{\Delta V} \mathrm{div}(\rho \phi u) \mathrm{d}V \mathrm{d}t$$

$$= \int_t^{t+\Delta t} \left[(\rho u_x \phi A)_e - (\rho u_x \phi A)_w + (\rho u_y \phi A)_n - (\rho u_y \phi A)_s + (\rho u_z \phi A)_h - (\rho u_z \phi A)_b \right] \mathrm{d}t$$

$$= \int_t^{t+\Delta t} \left[(\rho u_x)_e \phi_e A_e - (\rho u_x)_w \phi_w A_w + (\rho u_y)_n \phi_n A_n \right] \mathrm{d}t$$

$$+ \int_t^{t+\Delta t} \left[-(\rho u_y)_s \phi_s A_s + (\rho u_z)_h \phi_h A_h - (\rho u_z)_b \phi_b A_b \right] dt \tag{6.36}$$

式中，A_e、A_w、A_n、A_s、A_h 和 A_b 为控制体积相应界面的面积，$A_e = A_w = \Delta y \Delta z$，$A_n = A_s = \Delta x \Delta z, A_h = A_b = \Delta x \Delta y$。

（3）扩散项的处理。同样根据高斯散度定理，将体积分转化为面积分有

$$\int_t^{t+\Delta t} \int_{\Delta V} \mathrm{div}(\Gamma \mathrm{grad}\phi) dV dt$$

$$= \int_t^{t+\Delta t} \left[\left(\Gamma \frac{\partial \phi}{\partial x} A \right)_e - \left(\Gamma \frac{\partial \phi}{\partial x} A \right)_w + \left(\Gamma \frac{\partial \phi}{\partial x} A \right)_n \right] dt$$

$$+ \int_t^{t+\Delta t} \left[-\left(\Gamma \frac{\partial \phi}{\partial x} A \right)_s + \left(\Gamma \frac{\partial \phi}{\partial x} A \right)_h - \left(\Gamma \frac{\partial \phi}{\partial x} A \right)_b \right] dt \tag{6.37}$$

$$= \int_t^{t+\Delta t} \left[\Gamma_e A_e \frac{\phi_E - \phi_P}{(\delta x)_e} - \Gamma_w A_w \frac{\phi_P - \phi_W}{(\delta x)_w} + \Gamma_n A_n \frac{\phi_N - \phi_P}{(\delta x)_n} \right] dt$$

$$+ \int_t^{t+\Delta t} \left[-\Gamma_s A_s \frac{\phi_P - \phi_S}{(\delta x)_s} + \Gamma_h A_h \frac{\phi_T - \phi_P}{(\delta x)_h} - \Gamma_b A_b \frac{\phi_P - \phi_B}{(\delta x)_b} \right] dt$$

（4）源项的处理。一般情况，源项 S 是一个广义量不为常数，而是所求未知量 ϕ 的函数。通常假定在未知量微小变动范围内，S 表示该未知量线性函数，即

$$S = S_C + S_P \phi_P \tag{6.38}$$

式中，S_C 为常数部分；S_P 为 S 随 ϕ 变化的曲线在 P 点上的斜率。

将式（6.38）代入源项并进行积分得到：

$$\int_t^{t+\Delta t} \int_{\Delta V} S dV dt = \int_t^{t+\Delta t} S \Delta V dt = \int_t^{t+\Delta t} (S_C + S_P \phi_P) \Delta V dt \tag{6.39}$$

在对流项目中采用一阶迎风格式将式（6.36）中 ϕ_e、ϕ_w、ϕ_n、ϕ_s、ϕ_t 和 ϕ_b 用节点物理量来表示，并引入全隐式时间积分方案，这样，式（6.34）变为

$$a_P \phi_P = a_W \phi_W + a_E \phi_E + a_S \phi_S + a_N \phi_N + a_H \phi_H + a_B \phi_B + b \tag{6.40}$$

式中，a_P 为系数，由式（6.41）确定；b 为常数，由式（6.42）确定；a_W、a_E、a_S、a_N、a_H 和 a_B 为系数，具体表达式如表 6.2 所示；F 为通过界面上单位面积的对流质量通量（convective mass flux），简称对流质量流量，$\Delta F = F_e - F_w + F_n - F_s + F_h - F_b$，具体表达式如表 6.3 所示。

$$a_P = a_W + a_E + a_S + a_N + a_H + a_B + \Delta F + a_P^0 - S_P \Delta V \tag{6.41}$$

$$b = a_P^0 \phi_P^0 + S_C \Delta V = \frac{\rho_P^0 \Delta V}{\Delta t} + S_C \Delta V \tag{6.42}$$

表 6.2　a_j 的表达式

系数	表达式	下标
a_j	$a_j = D_j + \max(0, F_j)$	$j = w, s, b$
a_j	$a_j = D_j + \max(0, -F_j)$	$j = e, n, h$

表 6.2 中 D 表示界面的扩散传导性（diffusion conductance），具体表达式如表 6.3 所示。

表 6.3　F 和 D 的表达式

界面	w	e	n	s	h	b
F	$(\rho u_x)_w A_w$	$(\rho u_x)_e A_e$	$(\rho u_y)_n A_n$	$(\rho u_y)_s A_s$	$(\rho u_z)_h A_h$	$(\rho u_z)_b A_b$
D	$\dfrac{\Gamma_w A_w}{(\delta x)_w}$	$\dfrac{\Gamma_e A_e}{(\delta x)_e}$	$\dfrac{\Gamma_n A_n}{(\delta y)_n}$	$\dfrac{\Gamma_s A_s}{(\delta y)_s}$	$\dfrac{\Gamma_h A_h}{(\delta z)_h}$	$\dfrac{\Gamma_b A_b}{(\delta z)_b}$

3. 流场计算的 SIMPLE 算法

目前工程上应用最为广泛的一种流场计算方法是由 Patankar 和 Spalding 于 1972 年提出的 SIMPLE(semi-implicit method for pressure-linked equations，求解压力耦合方程组的半隐式方法）算法，该算法属于压力修正法的一种[258,261]，其核心是采用"猜测-修正"的过程，在交错网格的基础上来计算压力场，从而达到求解动量方程的目的。

1）交错网格的选择

在流场计算中，一般均涉及求解动量方程，但该方程的源项包含有压力，如用普通网格就会出现高度非均匀压力场，其在离散后的动量方程中作用与均匀压力场一样。于是就要使动量方程的离散形式可以检测出不合理压力场，而最为常见的一种有效办法就是用交错网格来存储速度分量（图 6.4）。交错网格（staggered grid）就是将标量（如流体压力 p、流体密度 ρ 等）在正常网格结点上存储和计算，而速度各分量在错位后的网格上存储和计算，错位后网格的中心位于原控制体积的界面上。对于三维空间问题，有用于存储 p、u_x、u_y 和 u_z 等四套网格系统。

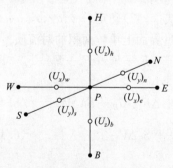

图 6.4　交错网格示意图

图 6.4 中主控制体积为求解压力的控制体积，称为 P 控制体积或标量控制体积（scalar control volume），控制体积节点 P 称为主节点或标量节点（scalar node）。速度 u_x 在主控制体积的东、西界面 e 和 w 上定义和存储，速度 u_y 在主控制体积的南、北界面 s 和 n 上定义和存储，速度 u_z 在主控制体积的上、下界面 h 和 b 上定义和存储。u_x、u_y 和 u_z 各自控制体积则是分别以速度所在位置（界面 e、界面 n 和界面 h）为中心的，分别称 u_x、u_y 和 u_z 控制体积。可看到，u_x、u_y 和 u_z 控制体积与主控制体积不一致，其与主控制体积在 x、y 和 z 方向有半个网格步长的错位。

在交错网格系统中，关于 u_x、u_y 和 u_z 的离散方程可通过对各自的控制体积作

积分而得出。这时,由于有交错网格,压力节点与速度控制体积的界面相一致,x 方向的动量方程中的压力梯度为

$$\frac{\partial p}{\partial x} = \frac{p_E - p_P}{(\delta x)_e} \tag{6.43}$$

相应地,y 和 z 方向的动量方程中的压力梯度分别为

$$\frac{\partial p}{\partial y} = \frac{p_N - p_P}{(\delta y)_n} \tag{6.44}$$

$$\frac{\partial p}{\partial z} = \frac{p_H - p_P}{(\delta z)_h} \tag{6.45}$$

由式(6.40)~式(6.42)可以看出,此时的压力梯度 $\frac{\partial p}{\partial x}$、$\frac{\partial p}{\partial y}$ 和 $\frac{\partial p}{\partial z}$ 是通过相邻两个节点之间的压力差,而不是相间节点间的压力差描述,于是离散后的动量方程出现不真实的情况就可避免了。同时,标量输运计算时所需位置恰好是速度产生处,为此压力控制体积界面上的速度就不需插值就可得到。

2) SIMPLE 算法的基本步骤

(1) 求解速度修正方程。假定猜测压力场 p^*,相应的速度场为 u_x^*、u_y^* 和 u_z^*,在动量议程中,把压力梯度从源项中分离出来,得到动量方程的离散形式为

$$a_e (u_x^*)_e = \sum a_{nb} (u_x^*)_{nb} + (P_E^* - P_P^*)A_e + b_e \tag{6.46}$$

$$a_n (u_y^*)_n = \sum a_{nb} (u_y^*)_{nb} + (P_N^* - P_P^*)A_n + b_n \tag{6.47}$$

$$a_h (u_z^*)_h = \sum a_{nb} (u_z^*)_{nb} + (P_H^* - P_P^*)A_h + b_h \tag{6.48}$$

式中,nb 为相邻节点;a_e、a_n 和 a_h 为节点 e、n 和 h 的系数,由式(6.41)确定;b_e、b_n 和 b_h 为节点 e、n 和 h 处 x、y、z 方向动量方程中不包括压力在内的源项,由式(6.42)确定。

假设压力修正值 p' 为正确的压力场 p 猜测的压力场 p^* 之差,即

$$p = p^* + p' \tag{6.49}$$

同样,有

$$u_x = u_x^* + u_x' \tag{6.50}$$

$$u_y = u_y^* + u_y' \tag{6.51}$$

$$u_z = u_z^* + u_z' \tag{6.52}$$

式中,u_x'、u_y' 和 u_z' 为速度修正值。

将式(6.49)~式(6.52)代入离散后的动量方程,减去猜测的速度场方程(即式(6.46)~式(6.48)),并假定源项不变,则可得

$$a_e (u_x')_e = \sum a_{nb} (u_x')_{nb} + (P_E' - P_P')A_e \tag{6.53}$$

$$a_n (u_y')_n = \sum a_{nb} (u_y')_{nb} + (P_N' - P_P')A_n \tag{6.54}$$

$$a_h (u'_z)_h = \sum a_{nb} (u'_z)_{nb} + (P'_H - P'_P)A_h \tag{6.55}$$

SIMPLE 算法中,忽略校正方程中的 $\sum a_{nb} (u'_x)_{nb}$、$\sum a_{nb} (u'_y)_{nb}$、$\sum a_{nb} (u'_z)_{nb}$,则有

$$(u_x)_e = (u_x^*)_e + (P'_E - P'_P)\frac{A_e}{a_e} \tag{6.56}$$

$$(u_y)_n = (u_y^*)_n + (P'_N - P'_P)\frac{A_n}{a_n} \tag{6.57}$$

$$(u_z)_h = (u_z^*)_h + (P'_H - P'_P)\frac{A_h}{a_h} \tag{6.58}$$

对于 w、s 和 b 处的速度场也有同式(6.56)~式(6.58)类似的表达式,即

$$(u_x)_w = (u_x^*)_w + (P'_P - P'_W)\frac{A_w}{a_w} \tag{6.59}$$

$$(u_y)_s = (u_y^*)_s + (P'_P - P'_S)\frac{A_s}{a_s} \tag{6.60}$$

$$(u_z)_b = (u_z^*)_b + (P'_P - P'_B)\frac{A_b}{a_b} \tag{6.61}$$

(2) 求解压力修正方程。将式(6.24)在 Δt 时间内对控制体进行积分,可得

$$\frac{\rho_P - \rho_P^0}{\Delta t}\Delta x \Delta y \Delta z + [(\rho u_x)_e - (\rho u_x)_w]\Delta y \Delta z +$$

$$[(\rho u_y)_n - (\rho u_y)_s]\Delta x \Delta z + [(\rho u_z)_h - (\rho u_z)_b]\Delta x \Delta y - S_g \Delta x \Delta y \Delta z = 0$$

$$\tag{6.62}$$

将式(6.56)~式(6.61)代入式(6.62)中,可得到压力修正方程:

$$a_P P'_P = a_E P'_E + a_W P'_W + a_N P'_N + a_S P'_S + a_H P'_H + a_B P'_B + b \tag{6.63}$$

式中,$a_P = a_E + a_W + a_N + a_S + a_H + a_B$,$a_E = (\rho A/a)_e \Delta y \Delta z$,$a_W = (\rho A/a)_w \Delta y \Delta z$,$a_N = (\rho A/a)_n \Delta x \Delta z$,$a_S = (\rho A/a)_s \Delta x \Delta z$,$a_H = (\rho A/a)_h \Delta x \Delta y$,$a_B = (\rho A/a)_b \Delta x \Delta y$,$b = \frac{\rho_P - \rho_P^0}{\Delta t}\Delta x \Delta y \Delta z - S_g \Delta x \Delta y \Delta z + [(\rho u_x^*)_e - (\rho u_x^*)_w]\Delta y \Delta z + [(\rho u_y^*)_n - (\rho u_y^*)_s]\Delta x \Delta z + [(\rho u_z^*)_h - (\rho u_z^*)_b]\Delta x \Delta y$。

(3) 根据修正后的压力场得到新的速度场,求解式(6.14)、式(6.15)和式(6.19)的离散化方程。

(4) 检查速度场是否收敛。若不收敛,用修正后的压力值作为给定的压力场,开始下一层次的计算;如此反复,直到获得收敛解。

6.3　采动裂隙带瓦斯运移的 FLUENT 数值建模

6.3.1　FLUENT 软件简介

FLUENT 是目前处于世界领先水平的 CFD 软件之一,被广泛地应用于流体

流动、传热、燃烧和扩散等问题[257~260]。该软件设计基于"CFD 计算机软件群的概念",针对每一种流动的物理问题的特点,采用适合的数值解法,使计算速度、稳定性和精度等各方面达到最佳。该软件将不同领域的计算软件组合起来,成为 CFD软件群,这些软件之间可以方便地进行数值交换,主要包括 GAMBIT、几何图形模拟以及网格生成的预处理程序。可生成供 FLUENT 直接使用的网格模型,也可以将生成的网格传输给 TGrid,由 TGrid 进一步处理后再传给 FLUENT。该软件还提供了各类 CAD/CAE 软件包与 GAMBIT 的接口,图 6.5 所示为各部分组织结构。

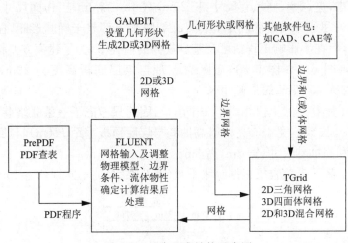

图 6.5　基本程序结构示意图

6.3.2　采场几何模型及网格划分

1. 模拟方案的确定

本书以山西天池煤矿 103 工作面为例来分析采动裂隙带瓦斯运移规律,模拟方案如表 6.4 所示。

表 6.4　FLUENT 模拟计算方案

序号	通风方式	模拟条件
1	U 形通风	风量 2200m³/min
2	U+L 形通风	尾巷配风 1000m³/min,回风巷配风 1200m³/min,联络巷间距(L)30m、35m、40m
3	U 形通风＋高抽巷	风量 2200m³/min,高抽巷与煤层顶板垂距 30m,与回风巷平距(L)24m、30m、36m;风量 2200m³/min,高抽巷进入裂隙带距离由第三步确定,与煤层顶板垂距(H)20m、30m、40m
4	U+L 形通风＋高抽巷	尾巷联络巷位置由第三步确定,高抽巷层位由第三确定

2. 采场几何模型

山西天池煤矿 103 工作面有采煤机、支架等各种设备,根据现场实际情况和模拟实验,本书对工作面、采动裂隙带进行了以下简化:

(1) 在数值模拟中忽略矿井周期来压等特殊情况,只考虑采空区漏风、回风巷、瓦斯尾巷、高抽巷对采空区瓦斯分布的影响[262]。

(2) 将进风巷、回风巷、尾巷、联络巷、高抽巷和工作面空间视为长方体,其中设备不予考虑,进风巷、回风巷尺寸:长 20m,宽 4m,高 3m;工作面尺寸:长 168m,宽 6m,高 3m;尽管采动裂隙圆矩梯台带在裂隙带上部趋于椭圆形圈,在下部趋于圆角矩形圈,但在不影响工程精度及基本规律的前提下,为了建模方便将其简化为矩形梯台体(图 6.6~图 6.8),破断裂隙带与煤层底板高度为 22m,采空区长 220m,宽 168m,高 97m;煤层倾角 8.5°。

(3) 由于尾巷实际上仅相当于一个出口,因此只考虑了一条联络巷,联络巷离工作面 L(m),长 5m,宽 4m,高 3m;高抽巷与煤层顶板垂距 H(m),与回风巷平距 S(m);尾巷和高抽巷尺寸:宽 3m,高 3m。

(4) 采空区及上覆岩层根据碎胀系数(即孔隙率)的不同划分为 15 个部分。

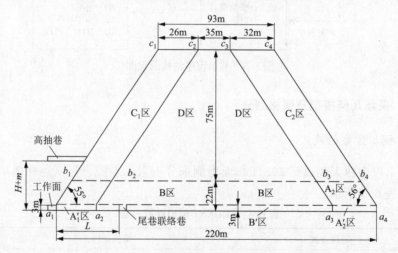

图 6.6　沿工作面推进方向采场剖面几何参数图

3. 模型网格划分

根据模拟方案,用 GAMBIT 共生成了 10 个基本模型,各模型采用 TGrid 进行网格划分,各模型划分单元 28.4 万个,如图 6.9~图 6.12 所示为其中的四个模型网格划分图。

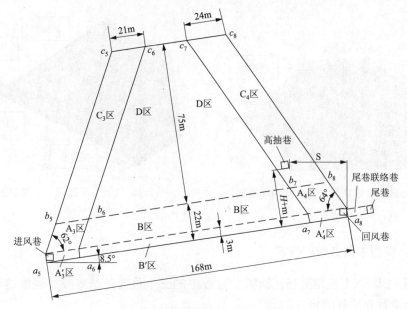

图 6.7　采场沿倾向剖面几何参数图

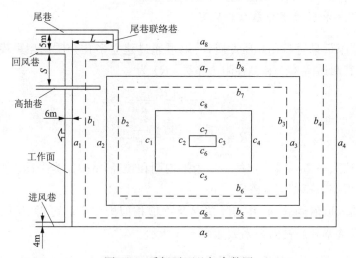

图 6.8　采场平面几何参数图

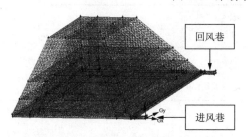

图 6.9　U 形通风下模型网格划分

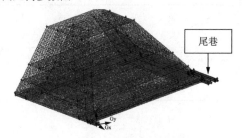

图 6.10　U＋L 形通风下模型网格划分

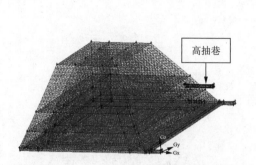

图 6.11　U 形通风＋高抽巷抽采模型
网格划分

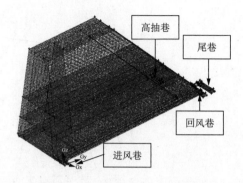

图 6.12　U＋L 形通风＋高抽巷抽采
模型网格划分

6.3.3　模型主要参数的确定

用 FLUENT 模拟采场瓦斯流动过程中的三个重要的基本参数是渗透率、黏性阻力系数和质量源相。

1. 渗透率和黏性阻力系数的确定

采动裂隙带具有多孔介质性质,所以可通过建立多孔介质模型来模拟采动区域的孔隙,其渗透率(k)和黏性阻力系数(R)为

$$k = \frac{n^3 d_m^2}{150(1-n)^2} \tag{6.64}$$

$$R = \frac{1}{k} = \frac{150(1-n)^2}{n^3 d_m^2} \tag{6.65}$$

式中,n 为孔隙率,$n = 1 - 1/K_p$;d_m 为平均调和粒径,m;K_p 为采动裂隙带某点的碎胀系数,可相似模拟实验确定。

根据前人取值经验、矿井实际情况及物理相似模拟实验可得 FLUENT 模型各区域的渗透率和黏性阻力系数如表 6.5 所示。

表 6.5　模型各区域的渗透率和黏性阻力系数

项目＼区域	A_1 / A'_1	A_2 / A'_2	A_3 / A'_3	A_4 / A'_4	B / B'	C_1	C_2	C_3	C_4	D
$k /(10^{-6}\ \mathrm{m}^{-2})$	1.44	0.178	0.545	0.545	0.0085	0.534	0.127	0.263	0.263	0.00035
$R /(10^6\ \mathrm{m}^2)$	0.69	5.6	1.8	1.8	11.8	1.9	7.9	3.8	3.8	2857

2. 质量源项的确定

1) 本煤层瓦斯涌出量计算

工作面本煤层瓦斯涌出量主要由煤壁、落煤及丢煤三部分构成,根据相关生产经验[263],以实际日产量计算较为准确,即

$$Q_1 = k_1 k_2 T_d [(1+k_3)X_0 - X_c]/1440 \tag{6.66}$$

式中,Q_1 为本煤层绝对瓦斯涌出量,m^3/min;k_1 为围岩瓦斯涌出系数;k_2 为掘进工作面预排瓦斯影响系数,按式(6.67)确定:

$$k_2 = (W_a - 2W_h)/W_a \tag{6.67}$$

式中,W_a 为工作面宽度,m;W_h 为掘进巷道预排等值宽度,m;T_d 为日产量,t/d;k_3 为工作面残煤瓦斯涌出系数,取值=1/工作面回采率;X_0、X_c 分别为本煤层的原始、残存瓦斯含量,m^3/t。

(1) 围岩瓦斯涌出系数。除含碳质岩层外,围岩中的瓦斯以游离状态存在于孔隙裂隙中,由于围岩孔隙裂隙不均匀而导致瓦斯含量的不均匀,加之目前测定围岩中的瓦斯含量技术还不是十分准确,计算围岩中的瓦斯量很难做到,因此一般采用统计方法。在工作面开采初期,邻近层瓦斯涌出可忽略不计,于是围岩瓦斯涌出量等于工作面瓦斯涌出量在初次来压前后之差,来压后与来压前的涌出量比值即为围岩瓦斯涌出系数。由现场实测可知,当工作面距切眼约 29.85m,出现初次来压,绝对瓦斯涌出量由 15.75m^3/min 增加至 19.7m^3/min,来压时涌出量是来压前的 1.25 倍,即围岩瓦斯涌出系数为 1.25。

(2) 巷道瓦斯排放带宽度。所谓巷道瓦斯排放带宽度是巷道掘完之后一定时间内,由煤壁垂直往里不再向巷道排放瓦斯的深度。对该矿 103 工作面巷道掘进期间的观测表明(图 6.13),瓦斯涌出量在掘进期间是逐渐增加的,当巷道掘完后,瓦斯涌出量则趋于下降,掘进期间共涌出瓦斯 790560m^3,通过计算可以得到此时巷道总的瓦斯排放带宽度为 28.4m,减去巷道宽度 4.0m,两帮的瓦斯排放带宽度为 12.2m。

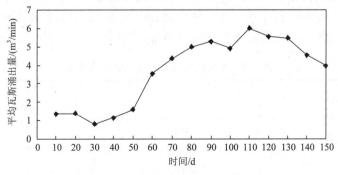

图 6.13 巷道掘进期间瓦斯涌出量

（3）采空区瓦斯涌出系数。采空区瓦斯涌出系数直接反映了采空区排到采面的瓦斯量大小,它是指采空区瓦斯涌出量与采面总瓦斯涌出量的比值。103 工作面利用高抽巷、瓦斯尾巷及回风巷抽排瓦斯,高抽巷抽采的瓦斯认为绝大部分为邻近层瓦斯,瓦斯尾巷排放的瓦斯除一部分为回风巷漏风外,绝大部分为采空区瓦斯,进行抽排后,上隅角仍然涌出一部分采空区瓦斯,理论上讲,采空区瓦斯是尾巷排放的瓦斯、上隅角涌出的瓦斯及高抽巷抽出的一小部分瓦斯,但由于抽排,采空区的涌出强度增加,比不抽采和不加尾巷要多涌出一部分瓦斯,如果这两部分瓦斯大致相抵消,就可在研究过程中粗略地把尾巷排的瓦斯作为采空区的瓦斯涌出量来进行考察其所占的比例,如图 6.14 所示。

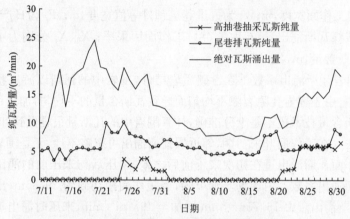

图 6.14　初采期间尾巷排瓦斯量波动图

由图 6.14 可以看出,8 月 2 日至 8 月 20 日,由于工作面停产,高抽巷停止抽采,因此,可用此期间尾巷排放的瓦斯与瓦斯涌出总量的比例作为采空区瓦斯涌出系数,由图可知,瓦斯涌出总量为 $7.24 \sim 11.61 \mathrm{m^3/min}$,尾巷排瓦斯量为 $4.42 \sim 8.52 \mathrm{m^3/min}$,占总涌出瓦斯量的 $61\% \sim 73\%$,可近似认为采空区瓦斯涌出系数为 $0.61 \sim 0.73$,平均 0.67。

（4）本煤层瓦斯涌出量。根据 103 工作面实际条件,可得工作面开采煤层瓦斯涌出量为 $34.9 \mathrm{m^3/min}$(表 6.6),即 $0.582 \mathrm{m^3/s}$,在 FLUENT 数值模拟时采空区瓦斯占 67%,即 $0.39 \mathrm{m^3/s}$,工作面煤壁及落煤瓦斯占 33%,即 $0.192 \mathrm{m^3/s}$。

表 6.6　本煤层瓦斯涌出量及参数取值表

参数	k_1	k_2	k_3	T_d /(t/d)	X_0 /(m³/t)	X_c /(m³/t)	瓦斯涌出量 /(m³/min)
取值依据	实测	采宽 160m,巷道 预排等值宽度 12.2m	回采率 80%		实测	根据 经验	
取值结果	1.25	0.85	1.25	4000	6.05	1.8	34.9

2）邻近煤层瓦斯涌出量计算

$$Q_2 = \sum_{i=1}^{n} L_a v M_i \gamma_i X_{0i} \eta_i / 1440 \tag{6.68}$$

式中，Q_2 为邻近煤层相对瓦斯涌出量，m^3/min；v 为工作面推进度，m/d，$v = 3.5$ m/d；M_i、γ_i、X_{0i} 分别为第 i 邻近煤层的厚度、容重及原始瓦斯含量，m，m^3/t，m^3/t；X_{0i} 为第 i 邻近煤层的原始瓦斯含量，m^3/t；η_i 为第 i 邻近煤层的瓦斯排放率，$\%$，$\eta_i = 1 - 0.0047 H_i/M - 0.8404 H_i/L$，其中 M、H_i 是开采层采高和第 i 邻近层距开采层距离，$M = 4.42\text{m}$。

根据工作面实际条件，可得各邻近煤层的瓦斯涌出量如表 6.7 所示。

表 6.7　邻近煤层瓦斯涌出量及参数取值表

参数 煤层	M_i /m	γ_i /(t/m)	X_{0i} /(m³/t)	η_i /%	H_i /m	瓦斯涌出量 /(m³/min)	瓦斯涌出量 /(m³/s)
14下号	0.80	1.48	4.20	0.91	14.3	1.76	0.029
14上号	0.80	1.48	4.20	0.89	17.8	1.72	0.029
13 号	0.50	1.48	8.01	0.78	34.6	1.80	0.030
12 号	1.00	1.48	10.10	0.70	47.1	4.08	0.068
11 号	0.30	1.48	10.90	0.67	52.9	1.25	0.021
9 号	0.65	1.48	21.73	0.54	72.3	4.42	0.074

3）质量源项的确定

质量源项（source term，即模型瓦斯涌出量）计算方法如下：

$$Q_s = \frac{Q_g \cdot \rho_g}{V_g} \tag{6.69}$$

式中，Q_s 为模型瓦斯质量源项，$kg/(m^3 \cdot s)$；Q_g 为瓦斯涌出量，m^3/s；ρ_g 为瓦斯密度，$\rho_g = 0.7167 \text{ kg/m}^3$；$V_g$ 为瓦斯质量源项所占总体积，m^3。

将各参数代入式（6.69）中可得，模型的质量源项如表 6.8 所示。

表 6.8　模型各层的质量源项

位置 参数	工作面	采空区
瓦斯涌出源所占体积/m³	3024	110880
无瓦斯抽采时模型质量源项/[10⁻⁶kg/(m³·s)]	45.5	4.13
有瓦斯抽采时模型质量源项/[10⁻⁶kg/(m³·s)]	54.6	4.956

研究表明，由于压实程度的不同，渗透率也不同，导致瓦斯涌出量也不等，因此应根据式（6.70），即孔隙率不同来确定采空区各区域中煤层瓦斯涌出质量源。

$$Q_i = \frac{Q_s \cdot n_i \cdot V_i}{\sum (n_i V_i)} \tag{6.70}$$

式中，$\dfrac{\sum (n_i V_i)}{V_i}$ 为区域平均孔隙率。

6.4　采动裂隙带瓦斯运移规律分析

6.4.1　U形通风系统瓦斯运移规律数值模拟

1. 采场瓦斯在三维空间上的分布规律

由采场瓦斯在三维空间分布图（图 6.15）可知，采场内进风巷侧瓦斯浓度较低，在采场另一侧的采空区深部瓦斯浓度最高（达 85.9%）。

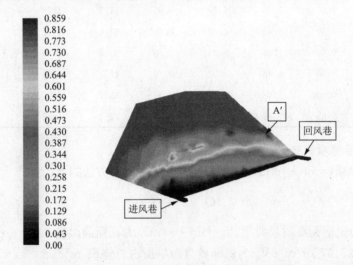

图 6.15　U形通风下采场瓦斯三维空间分布图

在水平方向上（图 6.16），沿工作面走向瓦斯从上隅角往采空区深部浓度逐渐升高，离工作面越远浓度越大。但是由于受到矿压的作用程度不同，内梯台带中的垮落岩体被逐渐压实，其漏风影响也降低较快，瓦斯浓度增高的趋势比进回风侧的缓慢，瓦斯浓度也较低于裂隙圈，如与切眼距离 90m 之处（如图 6.16 中虚线 *C-C'* 位置），内梯台带中为 68.7%，而裂隙圈瓦斯浓度最高则达 81.6%，形成一个高浓度瓦斯区域，成为实际工作中瓦斯抽采的理想地点。沿工作面倾向，在工作面附近由于工作面附近漏风量较大，瓦斯在漏风流作用下向回风侧运移，使由进风侧起瓦斯浓度逐渐增加，在采空区中部由于进回风侧较压实区空隙度大，形成进回风侧高凸与中间低凹形状如马鞍状的分布曲线；在切眼附近，由于远离工作面，漏风流影响不大,瓦斯浓度趋于一致。

在纵向上,瓦斯浓度由下到上逐渐增大,瓦斯浓度具有明显的分层特性,尤其是垮落带和断裂带的结合面附近,瓦斯浓度有较大的梯度变化,由于在靠近工作面的采动覆岩上部渗流速度很小,所以在采动断裂带内存在高浓度瓦斯区域,即图6.16中A′所示位置附近,这是高位水平抽采瓦斯针对的高浓度区。

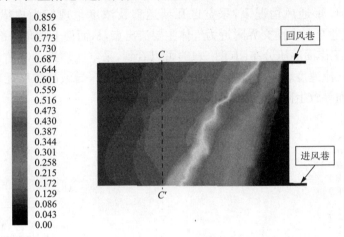

图 6.16　U 形通风下采空区瓦斯浓度分布图

2. 工作面倾斜方向瓦斯浓度分布规律

由工作面瓦斯浓度分布图(图 6.17)可以看到:在工作面进风端瓦斯浓度很小,且增加梯度较小;在工作面的回风端瓦斯浓度较大,且增加梯度较大。这主要是在 U 形通风情况下,采空区瓦斯对于工作面瓦斯浓度从进风巷到回风巷所起的作用逐渐增加。

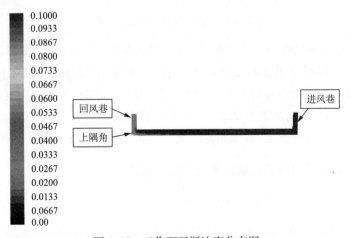

图 6.17　工作面瓦斯浓度分布图

3. U形通风工作面上隅角瓦斯积聚原因分析

由工作面瓦斯浓度分布图(图 6.18)可知,工作面可能发生瓦斯积聚的区域主要在上隅角附近(瓦斯浓度高达 10% 以上),这个区域一直都是煤矿安全工作者关注的焦点,其瓦斯集聚的主要原因是:

(1) 在 U 形通风情况下,采空区瓦斯运移及浓度呈现较为规律的分布(图 6.17),回风巷与工作面交界附近为气体主要流出点,从而使上隅角局部瓦斯集聚。

(2) 从工作面静压分布图(图 6.18)可以看到,采空区靠近上隅角处有一个低压区,该区气流速度较慢,有些地方可能处于涡流状态,导致高浓度瓦斯较难进入回风流,从而导致上隅角瓦斯浓度在工作面附近最大。

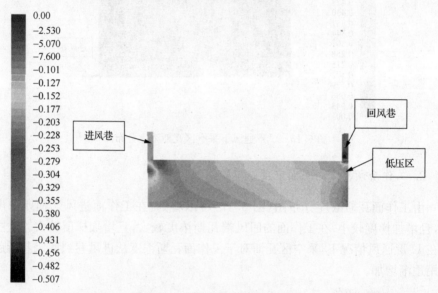

图 6.18　工作面附近静压分布图

(3) U 形通风工作面瓦斯治理情况。按照《煤矿安全规程》工作面回风巷瓦斯浓度小于 1%,保持进风量不变为 2200m³/min,则在 U 形通风下的工作面允许安全生产的最高瓦斯涌出量为:2200×1%/(1−1%)=22m³/min。同时,由图 6.18可知,工作面回风瓦斯浓度为 2.1%～2.3%,且上隅角瓦斯浓度高达 10% 以上,需要采取其他瓦斯治理措施,拟增加瓦斯尾巷和高抽巷进行抽采治理瓦斯。

6.4.2　U+L 形通风系统瓦斯运移规律数值模拟

1. U+L 形通风下采场瓦斯运移分布规律

U+L 形通风系统是平行于工作面回风巷设置一条专用排瓦斯巷,不仅增加了工作面的风排瓦斯量,而且由于瓦斯浓度分布的改变,在风流压差作用下采空区的一部分瓦斯被引入专用排瓦斯巷,减少了工作面上隅角的瓦斯涌出,大大改善了U形工作面上隅角瓦斯超限问题。

由联络巷间距为 30m 时采场瓦斯三维空间分布及采空区瓦斯浓度分布图(图 6.19,图 6.20)可知,尾巷排放瓦斯的作用非常明显,从水平方向看,回风侧设置瓦斯排放口后,瓦斯尾巷在排放高浓度瓦斯的同时,其对气流的导向作用使得回风侧瓦斯浓度有很大降低,U+L 形通风上隅角瓦斯浓度(大约 1.8%～2.3%)明显低于 U 形通风(10% 以上),采空区瓦斯浓度分为:A 高浓度区域,B 次高浓度区域,C 较低浓度区域,D 低浓度区域。从纵向看,瓦斯浓度也具有明显的分层特性,由下到上逐渐增大,但由于尾巷的排放作用,使回风侧瓦斯聚集区的层位(即图6.19 中的 A′区域)明显高于 U 形通风。

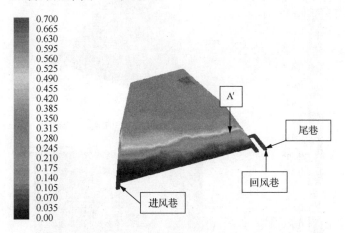

图 6.19　联络巷间距为 30m 时采场瓦斯浓度三维空间分布图

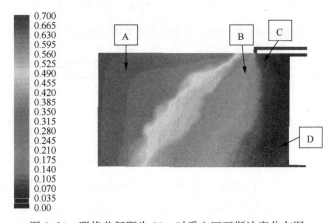

图 6.20　联络巷间距为 30m 时采空区瓦斯浓度分布图

2. 瓦斯尾巷的联络巷最佳间距分析

实践证明,瓦斯尾巷的联络巷伸入采空区一定距离范围内,联络巷排除上隅角附近的瓦斯,拦截采空区上隅角的瓦斯涌出,但当尾巷联络巷深入采空区超过该距离后,尽管尾巷内的瓦斯浓度高居不下,甚至还略有上升,但此时尾巷排出更多的是采空区深部瓦斯,并没有有效拦截掉上隅角的瓦斯,反而增加了工作面的瓦斯涌出总量。因此,分析合理的联络巷间距对于 U+L 形通风系统具有重要的现实意义。判定联络巷合理间距时,主要看在配风量相同情况下,尾巷和上隅角瓦斯浓度值。

经过模拟计算,得出联络巷间距为 35m、40m 时的瓦斯浓度采场三维空间及底板分布图(图 6.21,图 6.22),并对三种间距的瓦斯排放效果列表比较(表 6.9)。

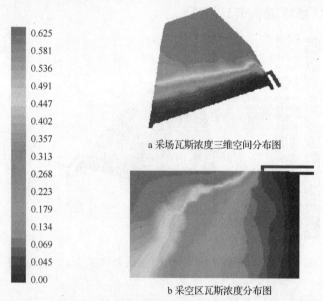

a 采场瓦斯浓度三维空间分布图

b 采空区瓦斯浓度分布图

图 6.21　联络巷间距为 35m 时瓦斯浓度在采场三维空间及采空区分布图

表 6.9　尾巷联络巷间距排放瓦斯效果对比

尾巷联络巷间距/m	上隅角浓度/%	尾巷浓度/%	回风巷浓度/%
30	1.8～2.3	3.4～3.7	1.0～1.2
35	1.3～1.7	3.6～3.9	0.8～1.1
40	1.6～2.4	4.1～4.4	0.5～0.9

由图 6.19～图 6.22 及表 6.9 可知,三种联络巷布置中,间距 30m 时回风巷及上隅角瓦斯浓度均高于间距 35m,尽管间距 40m 时回风巷瓦斯浓度较低,但上隅角及尾巷瓦斯浓度均高于间距 35m 时的瓦斯浓度,因此,尾巷联络巷间距为 35m

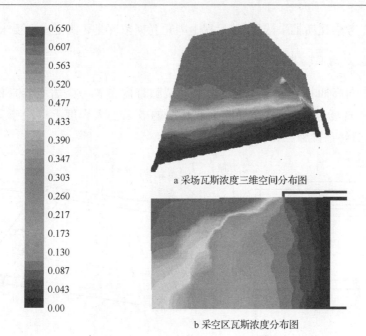

a 采场瓦斯浓度三维空间分布图

b 采空区瓦斯浓度分布图

图 6.22　联络巷间距为 40m 时瓦斯浓度在采场三维空间及采空区分布图

（即约 1.35 倍工作面侧裂隙带带宽）时的排放效果最好。

3. U+L 形通风工作面瓦斯治理情况

按照《煤矿安全规程》工作面回风巷瓦斯浓度小于 1%，尾巷瓦斯浓度以 2.5% 管理，保持进风量不变为 2200m³/min，则在 U+L 形通风下的工作面允许安全生产的最高瓦斯涌出量为：1000×2.5%＋1200×1%＝37m³/min 的瓦斯涌出量，而实际需要解决的瓦斯涌出量在不进行瓦斯抽采时为 49m³/min。

模拟结果也显示，尾巷联络巷间距 35m 时，瓦斯尾巷内瓦斯的浓度为 3.6%～3.9%，回风巷瓦斯浓度为 0.8%～1.1% 左右，因此，回风巷瓦斯浓度容易受到影响而超过安全生产瓦斯浓度，并且由于瓦斯尾巷内瓦斯浓度为 3.5%＞2.5%，上隅角瓦斯浓度为 1.3%～1.7% 大于 1%，超过《煤矿安全规程》中所规定的值，因此要采用其他方法解决。

6.4.3　U 形通风系统＋高抽巷采场瓦斯运移规律数值模拟

为了对走向高抽巷在不同抽采位置的效果进行比较，本书使用 FLUENT 软件对走向高抽巷的抽采效果按水平布置和垂直布置两种方式进行对比。判定瓦斯抽采效果时，主要看在相同抽采负压下，高抽巷的瓦斯抽采浓度值和上隅角瓦斯浓度值，瓦斯抽采浓度越高，抽采效果越好；同时，上隅角瓦斯浓度越低，抽采效果越好。应首先考察瓦斯抽采浓度,然后视上隅角瓦斯浓度是否满足安全要求。

1. 顶板走向高抽巷的布置参数的确定

顶板走向高抽巷是沿走向在覆岩采动裂隙带内布置一条岩石巷来抽取瓦斯(图 6.23)。现场经验表明,高抽巷抽取瓦斯的效果很大程度上取决于其所处位置,即与高抽巷布置层位、回风巷距离等有关。

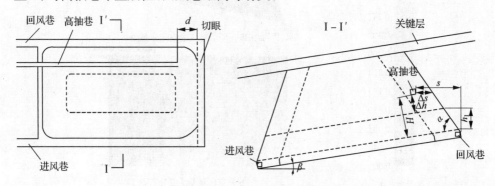

图 6.23　走向高抽巷布置示意图

1) 走向高抽巷布置层位的确定

如将走向高抽巷布置在垮落带范围(即竖向破断裂隙高度下),尽管处于充分卸压带,但因邻近层容易受到破坏很快垮落,使其中的高瓦斯抽采巷也被破坏,难以起到持续抽采瓦斯的作用;如将走向高抽巷布置在断裂带,因邻近层充分卸压,透气性能大大增加,赋存在煤层及围岩中的瓦斯容易大量释放,有利于高抽巷的瓦斯抽采,但如太接近于垮落带,虽对解决涌入工作面的瓦斯有很大作用,但易抽走工作面空气,抽采浓度不高;如布置在断裂带上部,虽然可以抽采一定量的邻近层瓦斯,但不能防止下部卸压瓦斯大量涌入回采工作面。因此,走向高抽巷在采动裂隙带的布置层位应处于断裂带下部靠近垮落带附近,一般为

$$h_{高} = h_1\cos\beta + \Delta h \tag{6.71}$$

式中,$h_{高}$为走向高抽巷与煤层顶板的垂距,m;h_1为垮落带高度,m;β为煤层倾角,(°);Δh为防止高抽巷破坏安全保险高度,m。

2) 走向高抽巷与回风巷距离的确定

沿倾斜方向,上覆岩层也形成一定范围的充分卸压裂隙区,走向高抽巷布置在裂隙带内,抽采效果较好。由前面分析可知,回风巷一侧的采空区瓦斯浓度高,抽采效果好,因此工作面走向高抽巷应布置在回风巷内侧附近,与回风巷平距(S)应为

$$S = h_{高}\cos(\alpha - \beta)/\sin\alpha + \Delta s \tag{6.72}$$

式中，α 为回风巷附近断裂角，(°)；Δs 为高抽巷伸入裂隙带水平投影长度，m。

为了确定走向高抽巷的理想布置层位，将高抽巷分别布置在不同位置(位置 1、2、3 为高抽巷与煤层顶板垂距 30m，与裂隙带边界平距 (Δs) 分别为 5m、11m、17m，即与回风巷平距 24m、30m、36m；位置 4、5 为与裂隙带边界平距 11m，与煤层顶板垂距分别为 20m、40m)，考察在相同抽采负压条件下的瓦斯抽采效果(即抽采量、抽采浓度、上隅角及回风巷瓦斯浓度)。

2. U 形通风系统＋高抽巷采场瓦斯运移规律

由高抽巷在位置 4 的采场瓦斯浓度分布图(图 6.24)可知，高抽巷抽采瓦斯的作用非常明显，从水平方向看，高抽巷在抽采高浓度瓦斯的同时，抽采负压对气流的导向作用使得回风侧瓦斯浓度有很大降低。由于瓦斯比周围气体的密度小瓦斯就会升浮，从纵向看，瓦斯浓度由下到上逐渐增大，也具有明显的分层特性，但由于高抽巷的抽采作用，大量的卸压瓦斯汇集到梯台带后进入巷道，使回风侧瓦斯聚集区的层位提高到高抽巷抽采口位置，上隅角瓦斯浓度降低。

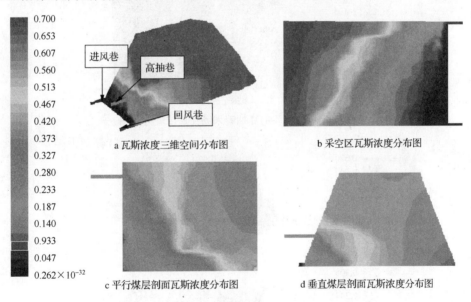

图 6.24　位置 4 的高抽巷采场瓦斯浓度分布图

3. 走向高抽巷合理层位的 FLUENT 模拟比较

1) 合理水平层位的确定

经过模拟计算，得出高抽巷在位置 1、2、3 下的瓦斯抽采效果图(图 6.25～图 6.27)，对三种水平距离的抽采效果图列表比较(表 6.10)。

表 6.10　不同水平距离的高抽巷瓦斯抽采效果对比

高抽巷位置	抽采混合量 /(m³/min)	抽采浓度	抽采纯量 /(m³/min)	上隅角浓度	回风巷浓度
1	150	20%～22%	30～33	3.2%～6.1%	1.2%～1.4%
2	150	26%～28%	39～42	2.2%～4.3%	0.8%～1.1%
3	150	19%～21%	28～30	4.1%～6.9%	1.3%～1.5%

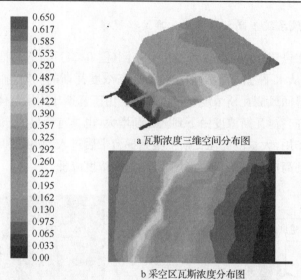

a 瓦斯浓度三维空间分布图

b 采空区瓦斯浓度分布图

图 6.25　位置 1 的高抽巷采场瓦斯浓度分布图

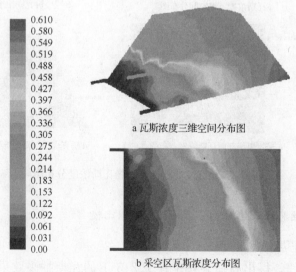

a 瓦斯浓度三维空间分布图

b 采空区瓦斯浓度分布图

图 6.26　位置 2 的高抽巷采场瓦斯浓度分布图

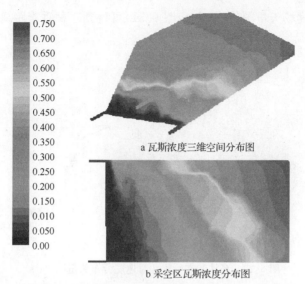

图 6.27　位置 3 的高抽巷采场瓦斯浓度分布图

　　由图 6.25～图 6.27 及表 6.10 可知,三种水平距离布置中,高抽巷处于位置 2 时抽采浓度最高(26%～28%),上隅角瓦斯浓度较低(2.2%～4.3%),回风巷瓦斯浓度接近于规定水平(0.8%～1.1%)。因此,综合而言,高抽巷处于位置 2(即与回风巷平距 30m,与断裂线边界平距大约 0.46 倍回风巷侧裂隙带带宽)时抽采效果最好。

　　2) 合理垂直层位的确定

　　经过模拟计算,得出高抽巷在位置 5 下的瓦斯抽采效果图(图 6.28),结合位

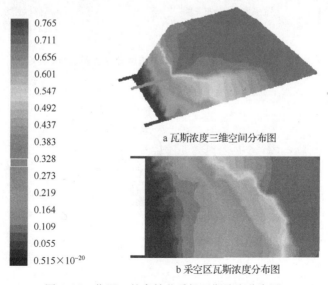

图 6.28　位置 5 的高抽巷采场瓦斯浓度分布图

置 2、4、5 的速度场矢量图(图 6.29～图 6.31)可得到三种垂直距离的抽采效果对比(表 6.11)。

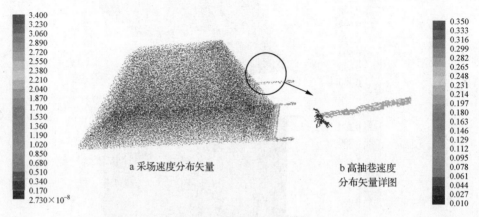

图 6.29　高抽巷在位置 2 时速度分布矢量图(m/s)

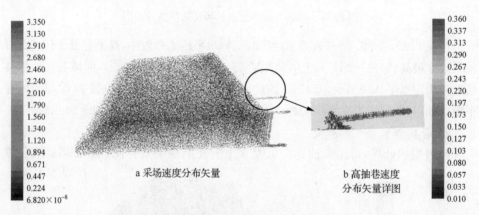

图 6.30　高抽巷在位置 4 时速度分布矢量图(m/s)

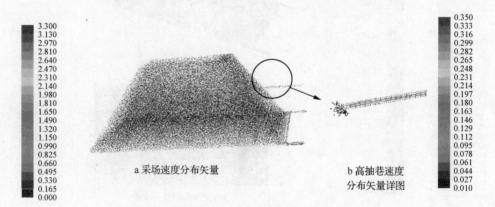

图 6.31　高抽巷在位置 5 时速度分布矢量图(m/s)

表 6.11　不同垂直距离的高抽巷瓦斯抽采效果对比

高抽巷位置	抽采混合量 /(m³/min)	抽采浓度/%	抽采纯量 /(m³/min)	上隅角浓度/%	回风巷浓度/%
2	150	26～28	39～42	2.2～4.3	0.8～1.1
4	180	16～19	29～34	3.1～5.2	1.2～1.5
5	100	31～33	31～33	3.9～6.8	1.2～1.4

由图 6.24、图 6.26、图 6.28、图 6.29～图 6.31 及表 6.11 可知,三种垂直距离布置中,高抽巷处于位置 2 时的抽采量最高(39～42m³/min),上隅角的瓦斯浓度较低(2.2%～4.3%),回风巷瓦斯浓度接近于规定水平(0.8%～1.1%);尽管处于位置 4 的高抽巷抽采混合量较大,但由于与垮落带边界较近,抽采浓度较低(16%～19%),抽采纯量较小(29～34m³/min),处于位置 5 的高抽巷抽采浓度较高,但由于与垮落带相距较远,在相同的负压条件下,抽采量较小(100m³/min),抽采纯量较小(31～33m³/min),且这两种布置方式上隅角及回风巷瓦斯浓度均高于位置 2 处,因此,综合而言高抽巷处于位置 2(即与煤层顶板垂距为 30m,与垮落带边界垂距大约 2.8 倍采高)时的抽采效果最好。

综上所述,高抽巷在回风巷附近与断裂线边界大约 0.46 倍回风巷侧裂隙带带宽且与垮落带边界垂高大约 2.8 倍采高的位置时,瓦斯抽采效果最好。但按照《煤矿安全规程》,回风巷及上隅角瓦斯浓度已接近或超过规定的值,需采用其他方法解决。根据阳泉、淮南和潞安等矿区瓦斯抽采治理经验,可采用 U+L 形通风系统+高抽巷对高瓦斯矿井进行瓦斯综合抽采治理。

6.4.4　U+L 形通风系统+走向高抽巷瓦斯治理效果数值模拟

根据以上布置方式,将瓦斯尾巷联络巷间距为 35m 和高抽巷处于位置 2 时的工作面瓦斯抽采治理情况进行 FLUENT 数值模拟,抽采效果如图 6.32 所示。

由图 6.32 可知,从水平上看,由于尾巷的泄排和高抽巷的引流,工作面向采空区漏风变大,邻近工作面处裂隙带中的瓦斯稀释和运移程度较大,瓦斯浓度相比较低,最高只有 2%,一般在 1%左右,离工作面较近的地方瓦斯浓度也小于 1%;由于压实区垮落岩体受矿压的作用空隙空间被严重压缩,工作面漏风很难影响到这个区域,此区漏风影响微弱,瓦斯浓度大约 20%左右;切眼附近的裂隙带,由于远离工作面,漏风流影响不大,瓦斯浓度趋于一致。在纵向上,由于尾巷和高抽巷的抽排作用,使回风侧瓦斯聚集区的层位明显提高,瓦斯浓度在高抽巷位置以下较低且变化不大。在高抽巷位置以上,瓦斯浓度由下到上逐渐增大,呈明显的分层特性。

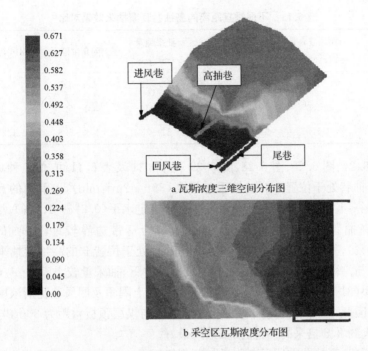

图 6.32 U+L 形通风系统+高抽巷采场瓦斯浓度分布图

　　同时,瓦斯尾巷的排放作用和高抽巷对采场瓦斯的抽采效果非常明显:尾巷配风量 1000m³/min,回风巷配风量 1100m³/min 时,高抽巷抽采浓度达到 24%～27%,抽采混合量为 150m³/min,抽采纯量达到 36～40.5m³/min,占涌出总量的 61%～69%,尾巷瓦斯浓度(1.4%～1.8%)、上隅角瓦斯浓度(0.3%～0.6%)及回风巷瓦斯浓度(0.4%～0.8%)均低于《煤矿安全规程》的规定,达到了较好的效果,可以保障安全生产的进行。

第7章 煤与甲烷共采工程实践

7.1 采动裂隙演化与卸压瓦斯储集关系分析

7.1.1 采动裂隙演化与卸压瓦斯储集过程分析

1. 采动裂隙动态演化过程

煤层开采过程中,上覆岩层会形成一个采动裂隙圆矩梯台带,它随着工作面的推进是动态变化的(图7.1),外梯台面在煤层开挖一段距离就可出现,而内梯台面则在工作面推进到一定距离后才出现。具体来说就是,随工作面的推进,首先,在进入断裂带中的第一亚关键层破断后,第二亚关键层下出现离层,其下形成采动裂隙圆矩梯台带①,当第二亚关键层破断后,圆矩梯台带中部被压实,四周则呈圆角矩形圈或"O"形圈分布;与此同时,第三亚关键层下出现离层,其下形成圆矩梯台带②,当第三亚关键层破断后,圆矩梯台带中部再次被压实,四周还呈圆角矩形圈或"O"形圈分布,其下形成圆矩梯台带③,如此发展直至主关键层;当主关键层破断后,圆矩梯台带不复存在,但层面展布的裂隙区仍为一近似圆角矩形或"O"形④,这是覆岩采动裂隙带的主要存在形式。

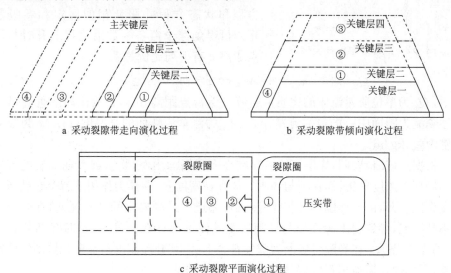

a 采动裂隙带走向演化过程　　　　b 采动裂隙带倾向演化过程

c 采动裂隙平面演化过程

图 7.1 采动裂隙演化过程示意图

2. 卸压瓦斯在采动裂隙带的升浮扩散过程

煤层采动后,由于采空区上覆岩层中采动裂隙的存在,为采空区瓦斯储集提供了空间。流向采动裂隙区的瓦斯,根据其来源不同,流动过程也有所不同的。由于空气中存在局部的瓦斯或高浓度瓦斯的不均衡聚集,使其与周围环境气体存在密度差而升浮,同时混入空气中的瓦斯分子在其本身浓度(或密度)梯度作用下产生扩散。

1) 卸压瓦斯的升浮过程

根据环境流体力学理论,气体升浮的条件为:一是气体因受热体积膨胀,密度减小,从而产生密度差;二是气体对象中的含有物浓度相对周围气体中含有物浓度存有差异。瓦斯密度是空气的 0.554 倍,在矿内空气中若有瓦斯聚集存在,则会因其本身与周围气体的密度差而会上升并漂浮。瓦斯在上浮过程中,会与周围气体间伴随物质传递,当其与周围气体间传递平衡,瓦斯升浮消失。

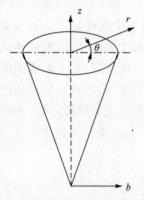

图 7.2 点源浮伞流柱坐标系

对于浮力作用下的卸压瓦斯运移,因产生浮力源不同而有异,通常情况下可采用定常浮力作用下的一般流体运动(即浮伞流)来进行分析瓦斯的升浮过程,静止环境中点源的浮伞流具有轴对称性,可采用图 7.2 所示的柱坐标,轴向为 z,径向为 r。

根据瓦斯在采动裂隙带升浮的控制微分方程组(包括连续方程、动量方程、含有物守恒方程和状态方程并服从相似假定和卷吸假定),可得到浮伞流各参数沿流程上升时与源点距离 z 有下列比例关系[53]:

$$Q_\eta \propto z^{\frac{5}{3}}, m_\eta \propto z^{\frac{4}{3}}, W_m \propto z^{-\frac{1}{3}}, b_\eta \propto z, \Delta\rho \propto z^{\frac{5}{3}} \qquad (7.1)$$

式中,Q_η 为单位质量流体的比质量通量;z 为源点距离,m;m_η 为比动量通量;W_m 为浮伞流为断面中心的最大流速,m/s;b_η 为浮伞流断面的半厚度,m;$\Delta\rho$ 为浮伞流密度差,kg/m³。

根据式(7.1)表明,煤层开采后存在许多瓦斯涌出源,将引起瓦斯涌出的不均衡和局部高浓度聚集,而瓦斯与周围气体存在密度差,在浮力作用下就会在破断裂隙发育区上升,由于周围环境气体(漏风及邻近层或围岩中的涌出瓦斯)在此过程中不断渗混,导致涌出源瓦斯与周围环境气体不再存在密度差,这时瓦斯停止上升,而漂浮(聚集)在裂隙带破断裂隙发育区上部,其升浮高度与瓦斯和周围气体密度差、涌出源瓦斯涌出强度、瓦斯起始浓度成正比。

2) 卸压瓦斯的扩散过程

扩散是指瓦斯分子在其本身浓度(或密度)梯度的作用下,由高浓度向低浓度方向运移的过程。显然,采场及其覆岩导气断裂带内的瓦斯由于其分子本身存在浓度(或密度)梯度,再者,瓦斯分子量与井下空气平均分子量存在较大的差异,存在瓦斯压强扩散的产生条件。由 Boltzmann 所建立的非平衡气体分子速度分布函数可以得出,必将导致瓦斯由高浓度(或密度)向低浓度(或密度)方向运移,此时即发生纯扩散(服从 Fick 定律)和压强扩散,二者总体通量梯度为

$$\vec{J}_D = -D\left[\rho\,\mathrm{grad}\left(\frac{\rho_g}{\rho}\right) + \frac{\rho_g\rho_a(m_a - m_g)}{\rho^2 R_0 T}\right]\mathrm{grad}\,p \qquad (7.2)$$

式中, m_g、m_a 为瓦斯和空气的分子量。

由式(7.2)中可得出,对于含有瓦斯的静止空气中稳恒状态,就是纯扩散和压强扩散之间达到了平衡,因空气的重力产生方向向下的压强梯度,则由其产生的扩散流方向与压强梯度反向,瓦斯气体具有向上扩散的趋势,即随着高度的增加瓦斯浓度也随之增大。对于包含一定浓度瓦斯的空气,采用布辛涅斯克近似后可得到,空气中瓦斯的压强扩散作用项并不是一个大的数量级。特别是在有风流紊流的情况下,紊动扩散是分子扩散的 $10^5 \sim 10^6$ 倍的数量级,压强扩散是可以忽略的。因此,在采场及周围瓦斯气体分子的扩散用纯扩散表述,在工程上可满足精度要求[53]。

7.1.2　卸压瓦斯在采动裂隙带的运移储集特征

在升浮扩散和渗流动力作用下,来自于本煤层及邻近煤岩层的卸压瓦斯沿着采动裂隙带的裂隙网络运移到裂隙充分发育区。在工作面回采过程中,顶板覆岩裂隙区经过卸压、变形、失稳、裂隙增大、裂隙变小、封闭的动态演化过程,瓦斯储集也经过了通过裂隙流动网络进入裂隙区、聚集、饱和、溢出等运移过程。因此,随着采动裂隙带的动态演化,瓦斯运移也随之变化。

(1) 来自本煤层或邻近层的瓦斯,其涌出的不均衡性和支架上方煤岩体的局部聚集,会在浮力作用下沿采动裂隙带裂隙通道上升,上升中不断掺入周围气体(包括漏风及少量围岩体涌出瓦斯)使混气与环境气体的密度差逐渐减小,直到密度差为零,混合气体便会聚集在裂隙带上部的离层裂隙内。由于气体密度在垂直方向的不均匀性及瓦斯密度较空气密度低,造成采动裂隙区瓦斯由低密度区上浮到高密度区,从而使其上部瓦斯浓度(或密度)高于下部瓦斯浓度(或密度)。

(2) 工作面到一倍周期来压范围内,煤岩体碎胀系数大(空隙度大),尽管瓦斯解析能力大大增强,但由于采场漏风量较大,风流对瓦斯的稀释、运移作用程度很大,瓦斯浓度相对较低;对应于一倍周期来压与压实区边界处,煤岩体碎胀系数变小,采场漏风量减少,而此范围内的瓦斯解析量仍然很大,因此其中瓦斯浓度较高;

距工作面稍远处(位于压实区),煤岩体碎胀系数变小,漏风流逐渐减少至消失,因其位于压实区,瓦斯解析能力下降,并在分子扩散作用下趋于均匀。在切眼附近,煤岩体的碎胀系数及空隙度仍较大,但由于远离工作面,漏风量小,对瓦斯的扩散运移作用减弱,形成瓦斯积聚的条件,瓦斯浓度有上升趋势。

(3) 由于工作面近处漏风量较大,采空区瓦斯在漏风作用下(进、回风巷压差的驱动)向回风侧运移,从而使工作面附近由进风侧起瓦斯浓度逐渐增加;远离工作面,漏风量大大降低,但由于进、回风巷附近较压实区煤岩体空隙度大,使进、回风巷附近瓦斯浓度大于压实区浓度,形成两端高凸、中间低凹、形状如马鞍状的分布曲线。

(4) 每当顶板周期来压或某种其他原因使采空区空间体积突然缩小时,由于空隙度的降低,大量瓦斯便会从采动裂隙带急剧涌出,表现为采场瓦斯的大量涌出,此时是采场瓦斯管理的重要时期。

综上分析可知,卸压瓦斯的运移及储集区在采动裂隙带发育第一阶段主要为顶部裂隙区及四周裂隙发育圈,在第二阶段由于采空区中部煤岩体空隙度较低,瓦斯运移困难,卸压瓦斯运移及储集区主要集中在四周裂隙发育圈。这样,从理论上解释了采动裂隙带是瓦斯涌出较活跃区域,是瓦斯的运移聚集带,为在其内布置巷道抽排瓦斯、钻孔抽采等治理瓦斯技术提供了一定依据。

7.2　高抽巷抽采卸压瓦斯工程验证

7.2.1　工作面概况

山西和顺天池能源有限责任公司位于和顺县城南 17km 的喂马乡古窑村(矿区的南部),主采太原组 15 号煤层。103 工作面位于矿井一采区,井下标高 +1210~+1260m,自北东向南西方向推进。

工作面采用走向长壁、后退式综采放顶煤一次采全高的采煤法,采煤高度 2.7m,放煤高度 1.72m,采放比 1:0.64,截深 0.8m。该工作面回采 15 号煤层,煤厚 3.3~5.15m,平均 4.42m,煤层倾角约为 6°~16°,平均 8.5°。1 号煤层结构较为复杂,含夹矸 1~3 层,夹矸厚度 0.20~0.75m,其岩性为碳质泥岩和泥岩。5 号煤层为自燃煤层,瓦斯基础参数如表 7.1 所示。

表 7.1　煤层瓦斯基础参数

所测煤层	瓦斯压力 /MPa	瓦斯含量/(m³/t)			煤层透气性系数 /[m²/(MPa²·d)]
		吸附量	游离量	总量	
15 号	0.38	5.9292	0.1239	6.0531	0.8826

7.2.2　瓦斯抽排系统的布置

1. 103 工作面专用瓦斯排放巷的布置

在回风巷外侧煤柱间距 4.5 m 处与回风巷平行沿煤层顶板施工一条瓦斯尾巷(图 7.3),并作为 102 工作面的沿空留巷试验。瓦斯尾巷为矩形断面,规格 3.5m(宽)×2.7m(高),巷道全长 900m,每间隔 35m 开掘一联络巷与回风巷相联通。

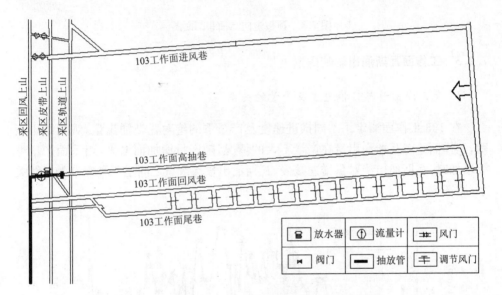

图 7.3　103 工作面瓦斯抽采系统布置平面示意图

2. 顶板岩石高抽巷的布置

103 工作面是在上部邻近层没有开采的情况下直接开采 15 号煤层,工作面采过后,采场周围煤、岩体受采动影响范围大幅度增大,邻近层瓦斯大量卸压,沿着采动裂隙涌入回采工作面。具体表现为:开采 15 号煤层时,工作面的瓦斯一部分来源于 15 号煤层本身,另一部分来源于受采动影响的邻近煤岩层。因此,103 工作面利用顶板走向高抽巷抽采邻近煤岩层及采空区中的瓦斯。

根据煤层赋存及工作面布置情况,应用物理相似模拟及数值模拟分析可知,工作面经过三个周期来压后形成完整的圆角裂隙梯台带(椭抛带),此时内梯台面高度为 22m 左右,外梯台面高度为 34m,回风巷附近裂隙区宽度约 24m。因此,103 工作面将高抽巷布置在与煤层顶板间距 30m、与回风巷平距 30m 处,来抽采裂隙带中邻近层解吸和遗煤释放的瓦斯;同时,由于在形成完整的梯台带前,老顶破坏程度较小,根据梯台带发育规律,该工作面对初采期的高抽巷布置进行了优化,当高抽巷布置施工至开切眼 60m 时,开始变坡下弯施工至回风巷上隅角。高抽巷断面为半圆拱形,净宽×净高=2.4m×2.4m。采用锚网支护,锚杆规格:φ 为 20mm×1800mm,间排距为 800mm×800mm。如图 7.3、图 7.4 所示。

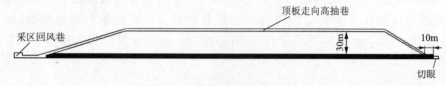

图 7.4　顶板走向高抽巷剖面图

7.2.3　工作面瓦斯涌出影响因素

1. 瓦斯涌出量与日推进度及产量的关系

在 103 工作面测定了不同推进速度及产量下的绝对瓦斯涌出量,观测结果表明,工作面绝对瓦斯涌出量在产量不大的情况,随产量增加而增大,当采面产量继续增加时,瓦斯涌出绝对量增速减慢,瓦斯涌出量与产量之间呈一种复杂的曲线关系(图 7.5)。

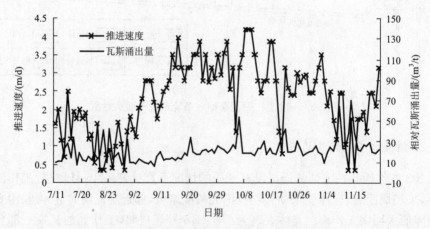

图 7.5　工作面绝对瓦斯涌出量与日产量的关系

瓦斯涌出量与日推进度及产量呈现以上规律的主要原因是:工作面推进速度的快慢直接影响到围岩的移动和变形,推进速度慢时,变形和垮落充分,导致邻近层、围岩、下分层相对瓦斯涌出量的增加。反之,当推进速度加快时,围岩变形呈相对减小,相应地减少了邻近层、围岩、下分层的相对瓦斯涌出量。此外,推进速度的变化意味着产量的改变,其与绝对瓦斯涌出量的关系类似于工作面日推进距(图 7.6),同时相对瓦斯涌出量也要发生变化,推进速度快的相对瓦斯涌出量小,推进速度慢的相对瓦斯涌出量大(图7.7)。

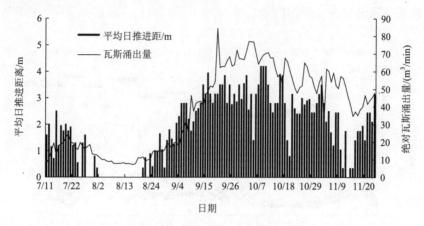

图7.6　工作面绝对瓦斯涌出量与日推进度的关系

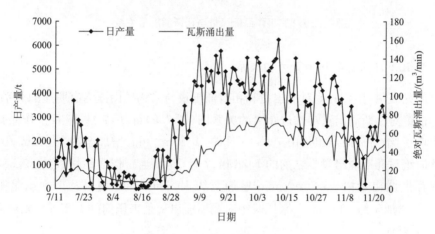

图7.7　工作面相对瓦斯涌出量与日产量度的关系

2. 瓦斯涌出量与配风量的关系

现场观测表明,随着配风量的增大,采空区瓦斯涌出量增加,瓦斯涌出总量也随之增大,但采面瓦斯涌出量增幅小于回风巷及尾巷(图7.8),如10月17日、11月9日配风量分别由2160m³/min、2350m³/min增加到2480m³/min、2537m³/min(增加量分别为320m³/min、187m³/min),采面瓦斯涌出量分别由12.1m³/min、9.6m³/min增加到16.4m³/min、13.4m³/min(增加量分别为4.3m³/min、3.8m³/min),风排瓦斯量却分别由24.8m³/min、20.2m³/min增加到31.4m³/min、25.3m³/min(增加量分别为6.6m³/min、5.1m³/min)。主要原因是风量加大造成工作面两端入口与出口的压差随之增加,采空区漏风量加大,采空区深部高浓度瓦斯随漏风被带入回采空间,使得工作面总的瓦斯涌出量增加,可见合理配风对控制采空区瓦斯涌出具有重要作用[264]。

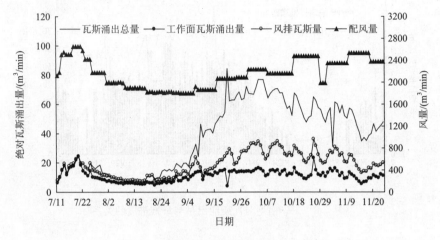

图 7.8　工作面配风量与瓦斯涌出量关系

3. 瓦斯涌出量与矿山压力的关系

研究表明,瓦斯的绝对涌出量和相对涌出量与采场矿山压力有明显的关系,由工作面绝对瓦斯涌出量与推进距离的关系图(图 7.9)可知,7 月 16 日工作面直接顶板垮落,绝对瓦斯涌出量由 7 月 15 日的 $12.85m^3/min$ 增加至约 $17.77m^3/min$,垮落时绝对瓦斯涌出量是之前的 1.38 倍;7 月 25 日当工作面距切眼约 29.85 m,绝对瓦斯涌出量由 $15.75m^3/min$ 增加至约 $19.7m^3/min$,相对瓦斯涌出量则由 $19m^3/t$ 增加至约 $20.2m^3/t$,来压时绝对瓦斯涌出量是来压前的 1.25 倍,相对瓦斯

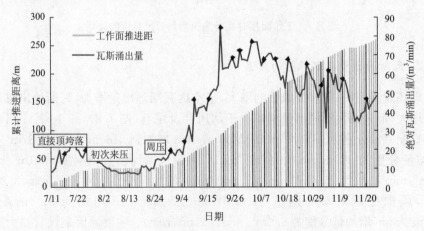

图 7.9　绝对瓦斯涌出量与来压的关系图

涌出量是来压前的 6.3 倍,7 月 25 日产量 236 t 与 7 月 24 日产量 1193 t 相差大,考虑产量影响系数 1193/236＝5.05,则相对瓦斯涌出量是来压前 1.25 倍。

初次来压后,工作面每向前推进一定距离(约 13.9m,一倍周期来压步距)时,绝对及相对瓦斯涌出量均有一突然增大现象,来压前绝对及相对瓦斯涌出量平均为 48.94m³/min、17.47m³/t,来压时均值分别为 57.63m³/min、22.23m³/t,来压时绝对及瓦斯涌出量是来压前的 1.22 倍及 1.39 倍。原因是顶板来压时使工作面前方煤体渗透容积减小,应力集中带内,裂隙和孔隙受压而缩小、闭合,导致煤岩体透气性降低,从而使瓦斯涌出量相对减小;老顶周期性破断失稳后,使顶板破碎度的周期增大,导致煤体支承压力向深部转移,煤壁前方减压区范围扩大,煤体原有裂隙张开、扩大,新裂隙产生,使煤体透气性急剧增高,部分吸附瓦斯解析并同游离瓦斯一起快速大量涌向采场。同时,瓦斯涌出量呈周期性变化,其步距约为周期来压步距,且顶板周期来压超前于瓦斯涌出量周期性变化,一般瓦斯涌出量峰值滞后于采场压力峰值一天左右,由此说明采面瓦斯大量快速涌出是矿山压力的一种显现,实际生产中可根据来压来进行瓦斯涌出的预测。

7.2.4　工作面煤与甲烷共采效果

1. 尾巷排放采空区瓦斯效果

根据矿井实际观测,2007 年 7 月 11 日至 2007 年 11 月 24 日尾巷日平均排瓦斯量及在瓦斯涌出总量中所占的比例如图 7.10 所示。

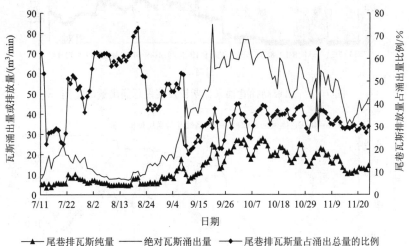

图 7.10　尾巷排放瓦斯量及其占总涌出量的比例

由该图可以看到,7 月 13 日至 7 月 21 日尾巷所排瓦斯量在工作面涌出量中比例很小(22.3%～29.1%),这是因为在工作面开采前期,为了优化工作面风量,进行调风试验,尾巷配风量较低(配风量为 506~558 m³/min),工作面涌出的瓦斯大部分由回风巷(配风量为 1997~2096m³/min)所承担。7 月 22 日至 9 月 8 日,随着尾巷配风量的增大,同时顶板高抽巷抽采瓦斯浓度较低、抽采量较小,此时尾巷在工作面瓦斯治理中起着重要的作用,其所排瓦斯量在工作面涌出量中占了很大比例(36.3%~73.4%)。而在中后期,高抽巷起到了主要作用。

2. 高抽巷抽采卸压瓦斯效果

通过对 103 工作面高抽巷抽采瓦斯的效果考察(图 7.11,图 7.12)可知,工作面推进到与切眼 60m 范围,采场覆岩尚未形成完整的梯台带(椭抛带),高抽巷抽采浓度 1.6%~4.8%,平均 2.99%,抽采瓦斯量 1.6~9.1 m³/min,平均 5.5 m³/min。当工作面推进到 62.2m 之后,梯台带逐渐形成,随着工作面的继续推进,高抽巷的抽采瓦斯浓度和抽采量逐渐增加,高抽巷抽采瓦斯平均浓度达到 50.4%,平均抽采纯量达到 67.3m³/min,抽采量占瓦斯涌出总量 76.7%左右。

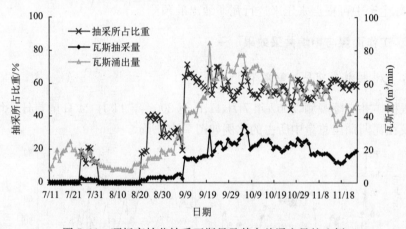

图 7.11　顶板高抽巷抽采瓦斯量及其占总涌出量的比例

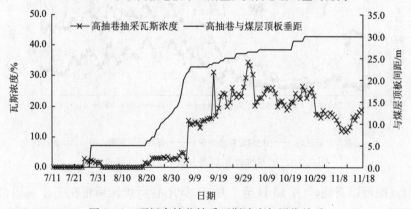

图 7.12　顶板高抽巷抽采瓦斯浓度与层位关系

3. 工作面瓦斯综合治理效果

图 7.13 是观测期间瓦斯尾巷、回风巷瓦斯浓度的变化情况,由该图可知,尽管煤层开采产量大,回采期间绝对瓦斯涌出量大,但因采取了有效瓦斯控制技术措施,保证高抽巷实现有效抽采采空区和邻近层瓦斯,尾巷瓦斯浓度(0.46% ~ 2.36%)控制在 2.5% 以下,工作面(0.12% ~ 0.76%)、上隅角(0.09% ~ 0.77%)、回风巷(0.3% ~ 0.94%)瓦斯浓度均控制在 1% 以内,实现了工作面安全高效生产。此过程中,工作面推进了 251m,产煤 36 万 t(图 7.14,图 7.15)。

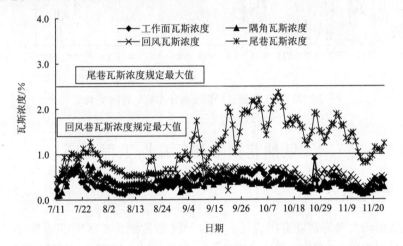

图 7.13　103 工作面瓦斯尾巷、回风巷、上隅角、工作面瓦斯浓度变化情况

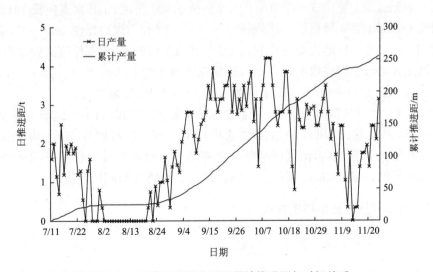

图 7.14　工作面日推进距及累计推进距与时间关系

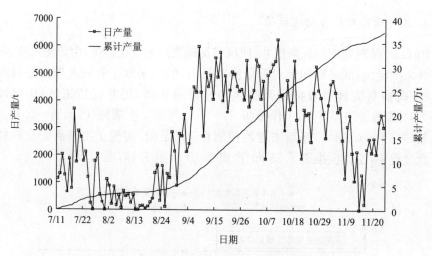

图 7.15　工作面日产量及累计产量与时间关系

7.3　低抽巷抽采卸压瓦斯工程验证

7.3.1　工作面概况

陕煤彬长大佛寺矿业有限责任公司位于陕西省彬长矿区南部边界,位于黄陇侏罗纪煤田中段,一期生产能力 3.00Mt/a,二期设计生产能力 8.00Mt/a。矿井走向长度 16km,南北宽度 5km。40108 工作面位于 401 采区,工作面走向长 1917m,倾向长 180m,主采 4 号煤层,煤层倾角 1°~7.5°,平均 5°,煤层厚度 10.1~13.6m,平均 11.5m。采用后退式走向长壁综合机械化放顶煤开采,全部垮落法管理顶板,割煤高度 3.4m,预留底煤平均 2.0m,放顶煤厚度平均 6.1m,采放比为 1:1.79。煤层瓦斯含量 3.34~4.57m³/t,自然发火期 3~5 个月,最短 24 天。

40108 工作面进风巷、回风巷及灌浆巷沿煤层走向布置,自辅助运输大巷至切眼 1920m,进风巷、回风巷均沿煤层底板且留 2.0m 左右底煤布置;切眼长度 180m,垂直于进、回风巷,沿煤层倾向布置;灌浆巷从辅助运输大巷开口,平行布置在回风巷外侧,相距 30m 净煤柱,且每隔 500m 作联络巷与回风巷连接。

7.3.2　低抽巷抽采瓦斯布置方式

1. 40108 工作面采动裂隙演化模型

根据 40108 工作面覆岩岩性柱状,搭建沿走向及倾向物理相似材料模拟(图 7.16)。通过物理模拟实验可知,4 号煤开采后不规则垮落带约 15.5m(约为采高的 1.35 倍),规则垮落带约 44.5m(约为采高的 3.9 倍);切眼附近裂隙发育区宽度为 52.6m(基本上等于工作面初次来压步距 58m),而工作面附近裂隙区宽度约45.6m(约为两倍周期来压步距 22.5m),回风巷附近裂隙区宽度约 30m,进风巷附近裂隙区宽度约 34m,切眼附近冒落角约 60°,工作面附近冒落角约 58°,回风巷附近冒落角约 55°,进风巷附近约 57°,如图 7.17 所示。

a 走向模型图

b 倾向模型图

图 7.16　相似材料模拟模型图

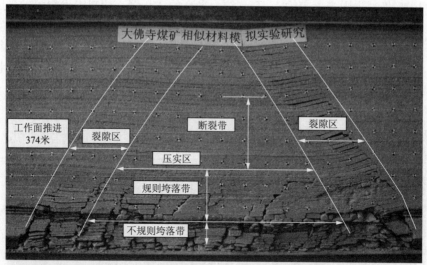

a　沿走向模型

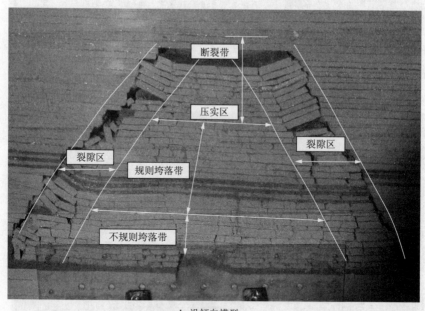

b　沿倾向模型

图 7.17　采动裂隙带演化模型

2. 40108 工作面瓦斯抽采巷布置参数

40108 工作面主采的 4 号煤层为高瓦斯易自燃煤层,如将抽采巷布置在垮落带上部的断裂带中,尽管解决了瓦斯对生产影响,但由于抽采巷层位较高,采空区漏风流线较长,采空区自燃氧化带将加宽,容易引起破裂煤体和采空区遗煤自燃[265]。如将抽采巷布置在垮落带下部,虽对解决涌入工作面瓦斯有很大作用,但易抽走工作面空气,抽采浓度不高。针对高瓦斯易自燃煤层,瓦斯抽采巷宜布置于规则垮落带下部、不规则垮落带上部,相对于布置在断裂带的抽采巷称为低抽巷。

因此,40108 工作面低抽巷布置在距煤层顶板 15m 处,同时,由第 6 章分析可知,抽采巷布置在与裂隙区外边界约 0.46 倍裂隙区宽度时效果好,即 40108 工作面低抽巷与回风巷附件裂隙区外边界约 13.8m(与回风巷水平距离约 25m)。为了有效治理初采期工作面瓦斯以及工作面接替,将 40108 工作面分为四段施工,4 号段沿煤层顶板施工,1 号～3 号布置于距煤层顶板 15m(图 7.18)。

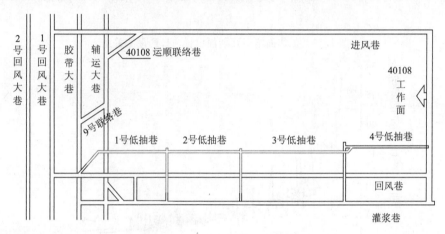

图 7.18　40108 工作面巷道布置图

7.3.3　工作面瓦斯涌出影响因素

1. 瓦斯涌出量与日产量的关系

在 40108 工作面测定了不同产量下的绝对与相对瓦斯涌出量,观测结果表明,总体趋势是工作面绝对瓦斯涌出量随产量的增加而增大,当采面产量继续增加时,瓦斯涌出绝对量增速减慢;相对瓦斯涌出量随着产量的增大而呈负指数关系减小(图 7.19,图 7.20)。

2. 瓦斯涌出量与日推进度的关系

在 40108 工作面测定了不同日推进距下的绝对与相对瓦斯涌出量,观测结果表明(图 7.21,图 7.22),绝对瓦斯涌出量随着工作面推进速度的加快并不是一直增加,当工作面推进速度超过一定值时,有所下降;而相对瓦斯涌出量的变化关系相对瓦斯涌出量随着日推进度的增大而呈负指数关系减小。

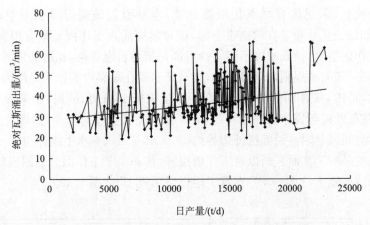

图 7.19　工作面绝对瓦斯涌出量与日产量的关系

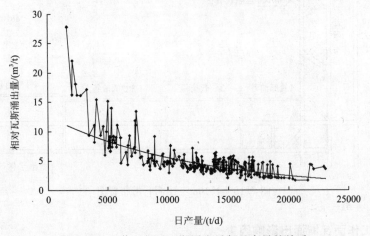

图 7.20　工作面相对瓦斯涌出量与日产量的关系

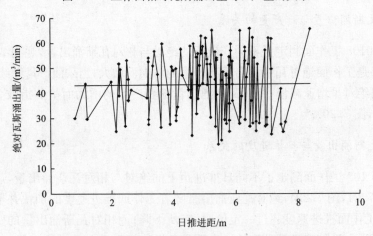

图 7.21　工作面绝对瓦斯涌出量与日推进度的关系

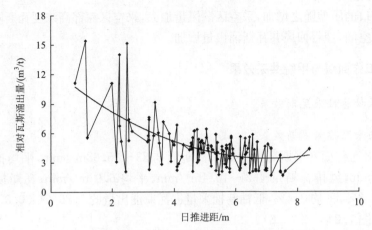

图 7.22　工作面相对瓦斯涌出量与日推进度的关系

根据工作面绝对瓦斯涌出量随推进度的变化关系,可对低抽巷的抽采参数进行动态管理以达最佳效果。例如在绝对瓦斯涌出量较大时可适当增加低抽巷的抽采负压和抽采量,反之可适当减小。这也有利于采空区的防灭火管理,在推进度较快、绝对瓦斯涌出量较大时增加低抽巷抽采负压和抽采量对采空区防灭火影响不大,而当推进速度较慢时适当降低低抽巷抽采负压和抽采量则有利于降低采空区的漏风从而缓解防灭火压力。

3. 瓦斯涌出量与配风量的关系

现场观测表明,随着回风巷口风量的增大,回风巷口瓦斯涌出量增大,而采面瓦斯涌出量基本保持不变(图 7.23)。主要原因是当增加风量时,造成工作面两端

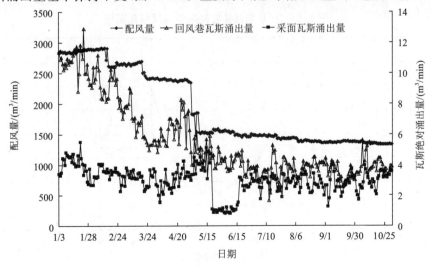

图 7.23　配风量与瓦斯涌出量关系

入口与出口的压差随之增加,采空区漏风量加大,采空区深部高浓度瓦斯随漏风被带入回采空间,使得回风巷瓦斯涌出量增加。

7.3.4 工作面煤与甲烷共采效果

1. 低抽巷抽采瓦斯效果

1) 初采期抽采瓦斯效果

40108 工作面初采期高抽巷抽采瓦斯量 3.23～15.68m³/min,平均抽采瓦斯 8.11 m³/min,风排瓦斯量 4.2～10.4m³/min,平均 6.9 m³/min;瓦斯抽采浓度 1.5%～6.8%,平均 3.4%,低抽巷抽采量占瓦斯涌出量的 5.86%～30.57%,平均 19.56%(图 7.24～图 7.26)。

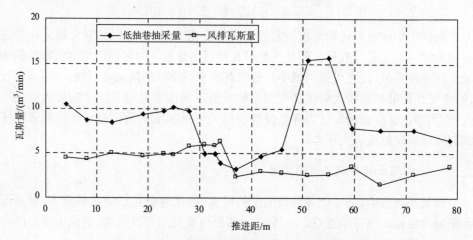

图 7.24 初采期低抽巷抽采量与风排瓦斯量

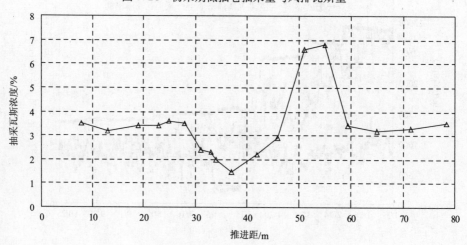

图 7.25 初采期低抽巷抽采瓦斯浓度

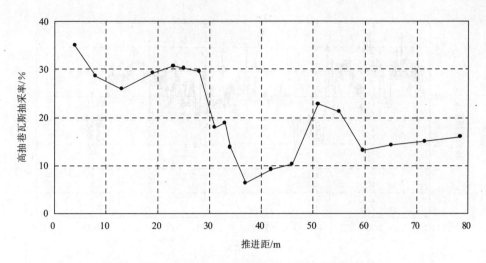

图 7.26　初采期低抽巷瓦斯抽采量占涌出总量的比值

由图 7.24 及图 7.25 可知,工作面推进到 51m 时,工作面开始来压,瓦斯涌出出现高峰,瓦斯抽采浓度增加到 6.6%,抽采量增大到 15.4m³/min,推进到 59m后,瓦斯抽采浓度减小到 3.4%,抽采量减小到 7.84m³/min。

2) 正常回采期抽采瓦斯效果

正常回采期工作面瓦斯抽采量 13.4～38.8m³/min,平均 24.9m³/min,风排瓦斯量 1.69～12.69m³/min,平均 5.54 m³/min;瓦斯抽采浓度 5.4%～15.2%,平均10.4%,低抽巷瓦斯抽采率 35.9%～86.9%,平均 71.5%(图 7.27～图 7.29)。

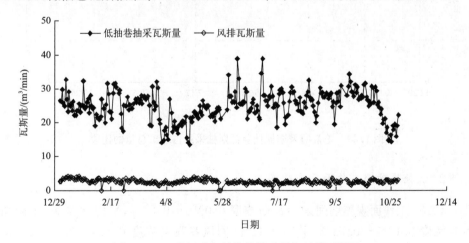

图 7.27　正常回采期低抽巷抽采量与风排瓦斯量

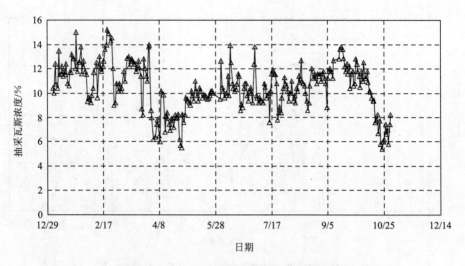

图 7.28　正常回采期低抽巷抽采瓦斯浓度

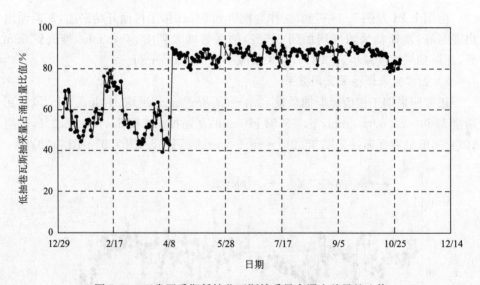

图 7.29　正常回采期低抽巷瓦斯抽采量占涌出总量的比值

2. 低抽巷防治工作面瓦斯效果

40108 工作面观测期间采面瓦斯浓度 0.09%～0.62%,平均 0.35%,上隅角瓦斯浓度 0.18%～0.73%,平均 0.41%,回风巷瓦斯浓度 0.1%～0.66%,平均 0.39%,均控制在《煤矿安全规程》范围之内,如图 7.30 所示。在此过程中,工作面共产煤 365 万 t,如图 7.31 所示。

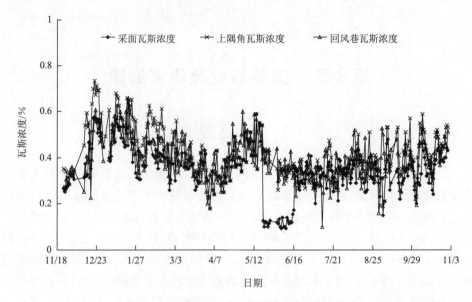

图 7.30　工作面、上隅角、回风巷瓦斯浓度变化

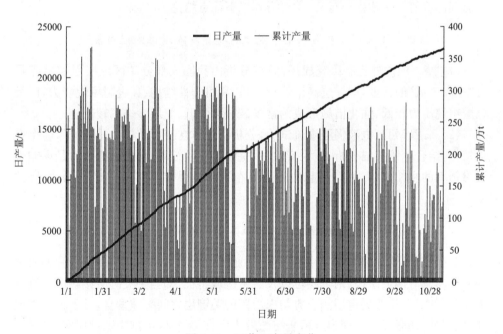

图 7.31　工作面产量变化

第 8 章　主要结论及研究展望

8.1　主要结论

"煤与甲烷共采"是煤矿绿色开采的主要内容,但我国大部分矿区煤层瓦斯采前预抽效果不甚理想,利用采动影响形成的覆岩裂隙动态演化及卸压瓦斯运移规律是实现煤与甲烷安全共采的理论基础。本书基于前人的研究成果,通过煤样电镜扫描、MTS 电液伺服渗流试验、物理相似模拟实验、数值模拟计算、理论分析以及现场工程验证,从分析煤体孔隙结构特征、吸附甲烷特性入手,研究了煤体渗透特性及其主控因素,研究了采动裂隙演化的力学机理及主要影响因素,模拟分析了卸压甲烷在采动裂隙中运移规律,初步建立了"煤与甲烷共采"的基本体系,具有一定的理论价值与实践指导意义,主要得到以下几点结论。

1. 总结出我国大部分矿区煤层甲烷赋存特征及渗透性主控因素

(1) 基于国内外已有研究成果,总结分析出我国大部分矿区煤层甲烷赋存具有"三高三低"的特征,即煤层高甲烷贮存量、高可塑性结构、高吸附甲烷能力,以及煤层甲烷压力较低、强化措施形成的常规破裂裂隙低、煤层渗透率较低。

(2) 采用 MTS 电液伺服渗流试验,分析了煤体在变形破坏全过程的渗透率变化特性,结合电镜扫描分析、压汞实验、甲烷吸附实验结果,得到矿山压力是影响煤层渗透率的主控因素,由其引起的裂隙分布与卸压甲烷运移是实现"煤与甲烷共采"的基础。

2. 提出了覆岩采动裂隙椭抛带的三维工程简化模型

(1) 根据开采过程中主关键层及相邻亚关键层是否破断,覆岩裂隙沿走向及倾向分布具有两大阶段、两个层位以及三个区域特征,即当主关键层接触垮落矸石前,垮落的最上位亚关键层的上方与未垮落的关键层之间裂隙发育,其下方在进风巷、回风巷、切眼及工作面附近覆岩裂隙较为发育,采空区中部裂隙被压实,沿煤层走向及倾向剖面从外形上看呈梯形,但内外梯形高度不同;当主关键层接触垮落矸石后,主关键层下的采空区中部被压实,采空区四周裂隙仍可保持,沿煤层走向及倾向剖面从外形上看也呈梯形,且内外梯形高度相同。

(2) 根据开采后上覆岩体裂隙发育、应力分布的不同,煤层开采后,沿煤层走向及倾向的覆岩应力呈三个不同的区域,在停采线煤柱、开切眼及进回风巷上方煤壁附近形成应力增高裂隙闭合区;远离切眼、工作面和进回风巷处,应力增加平缓,形成应力平缓裂隙未变区;采空区上方形成充分卸压裂隙发育区,该区还可分为卸压波动区、卸压增大区以及卸压缓慢变化区,并由覆岩的纵向位移分布、充分卸压分布范围,可知该区从外形看沿煤层走向或倾向剖面是梯形状,沿平行于煤层剖面看,在垮落带采空区见方(工作面宽度等于推进距)前及见方后是圆角矩形圈,见方时则转为圆角方形圈;在断裂带随着离煤层顶板高度的增大,见方前及见方后趋于椭圆形,见方时趋于圆形。

(3)根据相似材料模拟实验、数值模拟,提出了采动裂隙椭抛带的三维工程简化模型,即采动裂隙圆角矩形梯台带。结合岩层控制的关键层理论,分析了影响采动裂隙带形态的主要因素及其演化机理,并得到演化高度、走向带宽距、倾向带宽距及断裂角等主要参数,一般切眼侧带宽大约为初次来压步距,工作面侧带宽在2~3倍周期来压步距间变化,进风巷及回风巷附近带宽约为 0.7~0.8 倍初次来压步距,内外梯台面的高度受制于关键层层位及所形成砌体梁结构的变形、破断和失稳形态。

3. 模拟分析了采动裂隙带卸压瓦斯运移规律

(1)总结出采动裂隙带卸压瓦斯运移的数学模型,由气体状态方程、层流与湍流流动方程、连续性方程、动量守恒方程、瓦斯质量守恒方程以及初始条件和边界条件所组成;给出了卸压瓦斯运移数学模型的通用形式,并基于有限体积法对控制方程进行了离散化处理,阐述了应用 SIMPLE 算法解此方程的方法。

(2)应用 FLUENT 数值模拟软件,对 U 形、U+L 形、U 形+走向高抽巷及U+L 形+走向高抽巷四种通风条件下采动裂隙带瓦斯运移规律进行了模拟分析,得到了不同尾巷联络巷间距对瓦斯排放效果的影响,以及高抽巷处于不同层位处的瓦斯抽采效果。

(3)得到采动裂隙带动态演化与瓦斯运储关系,即在升浮扩散和渗流动力作用下,来自于本煤层及邻近煤岩层的卸压瓦斯运移及储集区,在采动裂隙带发育第一阶段主要为顶部裂隙区及四周裂隙发育圈,第二阶段由于采空区中部煤岩体空隙度较低,主要集中在四周裂隙发育圈。

4. 实例分析了煤与甲烷共采的效果

(1)山西和顺天池能源有限责任公司 103 工作面采用 U+L 形通风系统,并采用走向高抽巷抽采采动裂隙带瓦斯,高抽巷抽采瓦斯量平均 67.3m³/min,抽采量占瓦斯涌出总量 76.7%左右,工作面、上隅角、回风巷及尾巷瓦斯浓度均控制在《煤矿安全规程》规定的标准以下,实现了矿井的安全高效生产。

（2）陕西彬长大佛寺矿业有限责任公司 40108 工作面采用低位抽采巷抽采采动裂隙带瓦斯，将巷道抽采终端布置于规则与不规则垮落带边界处，正常回采期工作面瓦斯抽采量平均 24.9 m³/min，低抽巷抽采瓦斯量占涌出总量平均为 71.5％，工作面、上隅角、回风巷瓦斯浓度均控制在《煤矿安全规程》规定的标准以下，实现了矿井的安全高效生产。

（3）实践效果表明，采动裂隙带为卸压瓦斯流动及储集提供了通道和空间，是瓦斯的运移、聚集带，同时也说明通过物理相似材料模拟、数值模拟、理论分析，得到采动裂隙带演化及卸压瓦斯运移聚集关系，进而确定瓦斯抽采巷道或钻孔的布置参数，是实现"煤与甲烷共采"的有效方法及途径之一。

8.2　研 究 展 望

"煤与甲烷共采"的核心内容之一是采动覆岩裂隙演化与卸压甲烷运移规律，其涉及诸如矿山岩体力学、渗流力学、岩层控制及关键层理论等多学科，由于所研究问题本身的复杂性及作者自身水平有限，本书仅初步构建出实现"煤与甲烷共采学"的基本体系，就本书所研究的领域还应该在以下方面提高和完善。

（1）由于岩体的复杂性，采动覆岩所形成的裂隙带形态也会千差万别，本书所提出的采动裂隙椭抛带工程简化模型（即采动裂隙圆矩梯台带）影响参数的定量化及其与卸压甲烷运移的耦合机理需进一步研究。

（2）采动裂隙带卸压甲烷的储运规律受多种因素影响，本书仅分析了几种常见的甲烷运移规律，采动裂隙带介质的渗流特性参数、工作面风流的流动参数和几何边界条件等对其影响需进一步研究。

（3）采动裂隙带与卸压甲烷储运是在三维空间下同步影响相互作用，需要通过物理相似材料模拟或数值模拟等方法在三维空间下将两者同步一体化研究，以深入揭示"煤与甲烷共采"机理；另外，本书仅分析了部分矿井通过高低位瓦斯抽采巷道来实现"煤与甲烷共采"的效果，而对于其他诸如钻孔抽采等实现该效果的方法与技术需要进一步研究。

参 考 文 献

[1] BP公司. 2013年BP世界能源统计年鉴, 2013年6月

[2] 张德江. 大力推进煤矿瓦斯抽采利用. 求是杂志, 2009, (24):3~5

[3] 钱鸣高, 许家林, 缪协兴. 煤矿绿色开采技术. 中国矿业大学学报, 2003, 32(4):343~347

[4] Li S G, Qian M G, Xu J L. Simultaneous extraction of coal and coalbed methane in China. Mining Science and Technology'99, 1999, (10):357~360

[5] 中华人民共和国国家发展和改革委员会. 煤层气(煤矿瓦斯)开发利用"十一五"规划. http://www.sdpc. gov.cn/nyjt/nyzywx/t20060626_74591.htm[2009-03-16]

[6] 钱鸣高, 缪协兴, 许家林. 资源与环境协调(绿色)开采. 煤炭学报, 2007, 32(1):1~7

[7] 钱鸣高, 缪协兴, 许家林, 等. 论科学采矿. 采矿与安全工程学报, 2008, 2(1):1~10

[8] Xu J L, Qian M G. Study on influences of key stratum on mining-induced fractures distribution overlying strata. Journal of Mines, Metals&Fuels, 2006, 54(12):240~244

[9] 钱鸣高. 绿色开采的概念与技术体系. 煤炭科技, 2003, (4):1~3

[10] 缪协兴, 钱鸣高. 中国煤炭资源绿色开采研究现状与展望. 采矿与安全工程学报, 2009, 26(1):1~14

[11] 李树刚, 钱鸣高. 我国煤层与甲烷安全共采技术的可行性. 科技导报, 2000, (6):39~41

[12] 李树刚, 李生彩, 林海飞, 等. 卸压瓦斯抽取及煤与瓦斯共采技术研究. 西安科技学院学报, 2002, 22(3):247~249

[13] 谢和平, 周宏伟, 薛东杰, 等. 我国煤与瓦斯共采:理论、技术与工程. 煤炭学报, 2014, 39(8):1391~1397

[14] 吴财芳, 曾勇, 秦勇. 煤与瓦斯共采技术的研究现状及其应用发展. 中国矿业大学学报, 2004, 33(2):137~140

[15] Li S G, Lin H F. Migration and accumulation characteristic of methane in mining fissure elliptic paraboloid zone//Wang Yajun, Huang Ping, Li Shengcai(eds). Proceedings, 2004 International Symposium on Safety Science and Technology. Beijing:Science Press, 2004:576~581

[16] 俞启香, 程远平. 高瓦斯特厚煤层煤与卸压瓦斯共采原理及实践. 中国矿业大学学报, 2003, 32(2):127~131

[17] 程远平, 俞启香. 煤层群煤与瓦斯安全高效共采体系及应用. 中国矿业大学学报, 2003, 32(5):471~475

[18] 周世宁, 林柏泉. 煤矿瓦斯动力灾害防治理论及控制技术. 北京:科学出版社, 2007

[19] 袁亮. 松软低透煤层群瓦斯抽采理论与技术. 北京:煤炭工业出版社, 2004

[20] 袁亮. 高瓦斯矿区复杂地质条件安全高效开采关键技术. 煤炭学报, 2006, 31(2):174~178

[21] 袁亮. 留巷钻孔法煤与瓦斯共采技术. 煤炭学报, 2008, 33(8):898~902

[22] 袁亮. 低透高瓦斯煤层群安全开采关键技术研究. 岩石力学与工程学报, 2008, 27(7):1370~1379

[23] 袁亮. 煤与瓦斯共采:领跑煤炭科学开采. 科学时报, 2011-02-21(B1)

[24] 袁亮. 卸压开采抽采瓦斯理论及煤与瓦斯共采技术体系. 煤炭学报, 2009, 34(1):1~8

[25] 袁亮, 郭华, 沈宝堂, 等. 低透气性煤层群煤与瓦斯共采中的高位环形裂隙体. 煤炭学报, 2011, 36(3):357~365

[26] 薛俊华. 近距离高瓦斯煤层群大采高首采层煤与瓦斯共采. 煤炭学报, 2012, 37(10):1682~1687

[27] 许家林, 钱鸣高, 金宏伟. 基于岩层移动的"煤与煤层气共采"技术研究. 煤炭学报, 2004, 29(2):129~132

[28] 尹光志, 鲜学福, 王登科, 等. 含瓦斯煤岩固气耦合失稳理论与实验研究. 北京:科学出版社, 2011

[29] 孙可明, 潘一山, 梁冰. 流固耦合作用下深部煤层气井群开采数值模拟. 岩石力学与工程学报, 2007,

　　　　26(5):994~1000

[30] 赵阳升. 多孔介质多场耦合作用及其工程响应. 北京:科学出版社,2010

[31] 钱鸣高,石平五. 矿山压力与岩层控制. 徐州:中国矿业大学出版社,2003

[32] 宋振骐. 实用矿山压力控制. 徐州:中国矿业大学出版社,1988

[33] 钱鸣高,缪协兴,何富连. 采场砌体梁结构的关键块分析. 煤炭学报,1994,19(6):557~563

[34] 侯忠杰. 老顶断裂岩块回转端角接触面尺寸. 矿山压力与顶板管理,1999,(3~4):29~31

[35] 侯忠杰. 采场老顶断裂岩块失稳类型判断曲线讨论. 矿山压力与顶板管理,2002,(2):1~3

[36] 黄庆享,钱鸣高,石平五. 浅埋煤层采场老顶周期来压的结构分析. 煤炭学报,1999,24(6):581~585

[37] 鲍里索夫 A A. 矿山压力原理与计算. 北京:煤炭工业出版社,1986

[38] 钱鸣高,朱德仁. 老顶断裂模式及其对采面来压的影响. 中国矿业大学学报,1986,14(2):9~16

[39] 贾喜荣. 矿山岩层力学. 北京:煤炭工业出版社,1997

[40] 蒋金泉. 长壁工作面老顶初次断裂步距及类型的研究. 山东矿业学院学报,1991,10(4):23~30

[41] 吴洪词. 长壁工作面基础板结构模型及其来压规律. 煤炭学报,1997,22(3):259~264

[42] 陈忠辉,谢和平. 长壁工作面采场围岩铰接薄板组力学模型研究. 煤炭学报,2005,30(2):172~176

[43] 钱鸣高,缪协兴,许家林. 岩层控制中的关键层理论研究. 煤炭学报,1996,21(3):225~230

[44] 许家林,钱鸣高. 覆岩关键层位置的判断方法. 中国矿业大学学报,2000,30(5):463~467

[45] 许家林,钱鸣高. 关键层运动对覆岩及地表移动影响的研究. 煤炭学报,2000,25(2):122~126

[46] 茅献彪,缪协兴,钱鸣高. 采动覆岩中关键层的破断规律研究. 中国矿业大学学报,1997,27(1):39~42

[47] 钱鸣高,茅献彪,缪协兴. 采场覆岩中关键层上载荷的变化规律,煤炭学报,1998,23(2):135~150

[48] 侯忠杰. 浅埋煤层关键层研究. 煤炭学报,1999,24(4):359~363

[49] 翟所业,张开智. 用弹性板理论分析采场覆岩中的关键层. 岩石力学与工程学报,2004,23(11):
　　　　1856~1860

[50] 刘开云,乔春生,周辉. 覆岩组合运动特征及关键层位置研究. 岩石力学与工程学报,2004,23(8):
　　　　1301~1306

[51] 钱鸣高,许家林. 覆岩采动裂隙分布的"O"形圈特征研究. 煤炭学报,1998,23(5):466~469

[52] 黄庆享. 浅埋煤层长壁开采顶板结构及岩层控制研究. 徐州:中国矿业大学出版社,2000

[53] 李树刚. 综放开采围岩活动影响下瓦斯运移规律及其控制. 徐州:中国矿业大学,1998

[54] 黄庆享. 厚沙土层在顶板关键层上的载荷传递因子研究. 岩土工程学报,2005,27(6):672~676

[55] 许家林,朱卫兵,王晓振. 基于关键层位置的导水裂隙带高度预计方法. 煤炭学报,2012,37(5):
　　　　762~769

[56] 缪协兴,陈荣华,白海. 保水开采隔水关键层的基本概念及力学分析. 煤炭学报,2007,32(6):561~564

[57] 鞠金峰,许家林,王庆雄. 大采高采场关键层"悬臂梁"结构运动型式及对矿压的影响. 煤炭学报,2011,
　　　　36(12):2116~2120

[58] 许家林,鞠金峰. 特大采高综采面关键层结构形态及其对矿压显现的影响. 岩石力学与工程学报,2011,
　　　　30(8):1547~1556

[59] 刘玉成,曹树刚. 基于关键层理论的地表下沉盆地模型初探. 岩土力学,2012,33(3):719~724

[60] 涂敏,付宝杰. 关键层结构对保护层卸压开采效应影响分析. 采矿与安全工程学报,2011,28(4):
　　　　536~541

[61] 王宏图,范晓刚,贾剑青,等. 关键层对急斜下保护层开采保护作用的影响. 中国矿业大学学报,2011,40
　　　　(1):23~28

[62] Karmis M,Triplett T,Haycocks C,et al. Mining subsidence and its prediction in the appalachian coalfield//

Rock mechanics: theory, experiment, practice. Proceedings, Process 24th US Symp. Rock Mechanics. Rotterdam: Texas A. & M. Univeresity Balkema,1983,665~675

[63] Hasenfus G J,Johnson K L,Su D W H. A hydrogeomechanical study of overburden aquifer response to longwall mining. //Proceedings,7th Conference. Ground Control in Mining. Morgantown:West Virginia University,1988:144~152

[64] Chekan G,Listak J. Design practices for multiple-seam longwall mines. //US Bureau of Mines. Information Circular9360. Pittsburgh,1993:35

[65] Bai M,Elsworth D. Some aspects of mining under aquifers in China. Mining Science & Technology, 1990,10(1):81~91

[66] Yavuz H. An estimation method for cover pressure reestablishment distance and pressure distribution in goaf of longwall coal mines. International Journal of Rock Mechanics & Mining Science,2004,41:193~205

[67] Palchik V. Influence of physical characteristics of weak rock mass on height of caved zone over abandoned subsurface coal mines. Environmental Geology,2002,42(1):92~101

[68] 刘天泉. 矿山岩体采动影响与控制工程学及其应用. 煤炭学报,1995,20(1):1~5

[69] 高延法. 岩石四带模型与动态位移反分析. 煤炭学报,1996,21(1):51~56

[70] 姜福兴,王春秋,宋振骐. 采动覆岩空间结构与应力场动态关系探讨//高德利,张玉卓,王家祥. 中国科协第46次"青年科学家论坛"文集. 北京:中国科学技术出版社,1999:70-79

[71] 赵保太,林柏泉,林传兵. 三软不稳定煤层覆岩裂隙演化规律实验. 采矿与安全工程学报,2007,24(2):414~417

[72] 杨科,谢广祥. 采动裂隙分布及其演化特征的采厚效应. 煤炭学报,2008,33(10):1092~1096

[73] 刘泽功,袁亮,戴广龙,等. 开采煤层顶板"环形裂隙圈内走向长钻孔"抽放瓦斯研究. 中国工程科学,2004,6(5):32~38

[74] 卢平,袁亮,程桦,等. 低透气性煤层群高瓦斯采煤工作面强化抽采卸压瓦斯机理及试验. 煤炭学报,2010,35(4):580~585

[75] 齐庆新,彭永伟. 基于煤体采动裂隙场分区的瓦斯流动数值分析. 煤矿开采. 2010,15(5):8~10

[76] 谢和平,于广明,杨伦,等. 采动岩体分形裂隙网络研究. 岩石力学与工程学报,1999,18(2):147~151

[77] 于广明,谢和平,周宏伟,等. 结构化岩体采动裂隙分布规律与分形性实验研究. 实验力学,1998,13(2):145~154

[78] 张向东,徐峥嵘,苏仲杰,等. 采动岩体分形裂隙网络计算机模拟研究. 岩石力学与工程学报,2001,20(6):809~812

[79] 张永波,刘秀英. 采动岩体裂隙分形特征的实验研究. 矿山压力与顶板管理,2004(1):93~96

[80] 王悦汉,邓喀中,吴侃,等. 采动岩体动态力学模型. 岩石力学与工程学报,2003,22(3):352~357

[81] 林海飞,李树刚,成连华,等. 覆岩采动裂隙演化形态的相似材料模拟实验. 西安科技大学学报,2010,30(5):507~512

[82] 林海飞,李树刚,成连华,等. 覆岩采动裂隙带动态演化模型的实验分析. 采矿与安全工程学报,2011,28(2):298~303

[83] 张玉卓,陈立良. 长壁开采覆岩离层产生的条件. 煤炭学报,1996,21(6):576~581

[84] 杨伦,于广明,王旭春,等. 煤矿覆岩采动离层位置的计算. 煤炭学报,1997,22(5):477~480

[85] 苏仲杰,于广明,杨伦. 覆岩离层变形力学模型及应用. 岩土工程学报,2002,24(6):778~781

[86] 赵德深,朱广轶,刘文生,等. 覆岩离层分布时空规律的实验研究. 辽宁工程技术大学学报,2002,21(1):

　　　4～6

[87] 刘洪永,程远平,陈海栋,等.高强度开采覆岩离层瓦斯通道特征及瓦斯渗流特性研究.煤炭学报,2012,
　　　37(9):1437～1443

[88] 张勇,许力峰,刘珂铭,等.采动煤岩体瓦斯通道形成机制及演化规律.煤炭学报,2012,37(9):
　　　1444～1450

[89] 刘洪涛,马念杰,李季,等.顶板浅部裂隙通道演化规律与分布特征.煤炭学报,2012,37(9):1451～1455

[90] 高明忠,金文城,郑长江,等.采动裂隙网络实时演化及连通性特征.煤炭学报,2012,37(9):1535～1540

[91] A.T.艾鲁尼.煤矿瓦斯动力现象的预测和预防.唐修义,宋德淑译.北京:煤炭工业出版社,1992

[92] 周世宁,孙辑正.煤层瓦斯流动理论及其应用.煤炭学报,1965,2(1):24～36

[93] 周世宁.用电子计算机对两种测定煤层透气系数方法的检验.中国矿业学院学报,1984,12(3):46～51

[94] 郭勇义.煤层瓦斯一维流场流动规律的完全解.中国矿业学院学报,1984,12(2):19～28

[95] 谭学术.矿井煤层真实瓦斯渗流方程的研究.重庆建筑工程学院学报,1986,8(1):106～112

[96] 余楚新,鲜学福.煤层瓦斯流动理论及渗流控制方程的研究.重庆大学学报,1989,12(5):1～9

[97] 孙培德.煤层瓦斯流动方程补正.煤田地质与勘探,1993,21(5):61～62

[98] Sun P D. Coal gas dynamics and it applications. Scientia Geologica Sinica,1994,3(1):66～72

[99] Sun P D. Study on the mechanism of interaction for coal and methane gas. Journal of Coals Science
　　　&Engineering,2001,7(1):58～63

[100] 黄运飞,孙广忠.煤-瓦斯介质力学.北京:煤炭工业出版社,1993

[101] 丁晓良.煤在瓦斯渗流作用下持续破坏的机制.中国科学:A辑,1989,(6):600～607

[102] 俞善炳.恒稳推进的煤与瓦斯突出.力学学报,1988,20(2):23～28

[103] 彼特罗祥.煤矿沼气涌出.宋世钊译.北京:煤炭工业出版社,1983

[104] 孙培德.煤层瓦斯流场流动规律的研究.煤炭学报,1987,12(4):74～82

[105] 罗新荣.煤层瓦斯运移物理模型与理论分析.中国矿业大学学报,1991,20(3):36～42

[106] Luo X R,Yu Q X. Physical Simulation and Analysis of Methane Transport in Coal Seam. Journal of
　　　China University of Mining & Technology,1994,4(1):24～31

[107] 罗新荣.可压密煤层瓦斯运移方程与数值模拟研究.中国安全科学学报,1998,8(5):19～23

[108] Germanovich L N. Deformation of nature coals. Soviet Mining Science,1983,(5):377～381

[109] 王佑安,朴春杰.用煤解吸瓦斯速度法井下测定煤层瓦斯含量的初步研究.煤矿安全,1981,(11):
　　　9～14

[110] 王佑安,朴春杰.井下煤的解吸指标及其与煤层区域突出危险性的关系.煤矿安全,1982,13(7):
　　　17～23

[111] 杨其銮,王佑安.煤屑瓦斯扩散理论及其应用.煤炭学报,1986,11(3):62～70

[112] 杨其銮.关于煤屑瓦斯放散规律的试验研究.煤矿安全,1987,18(2):9～16

[113] 聂百胜,何学秋,王恩元.瓦斯气体在煤层中的扩散机理及模式.中国安全科学学报,2000,10(12):
　　　24～28

[114] 聂百胜,何学秋,王恩元.瓦斯气体在煤孔隙中的扩散模式.矿业安全与环保,2000,27(5):13

[115] 郭勇义,吴世跃.煤粒瓦斯扩散规律及扩散系数测定方法的研究.山西矿业学院学报,1997,15(1):
　　　15～19

[116] 郭勇义,吴世跃.煤粒瓦斯扩散规律与突出预测指标的研究.太原理工大学学报,1998,29(2):
　　　138～142

[117] Saghafi A,Jeger C,Tauziede C,et al. A new computer simulation of in seam gas flow and its applica-

tion to gas emission prediction and gas drainage. //Dai Guoquan. Proceedings of the 22nd International Conference of Safety in Mines Research Institutes. Beijing：China Coal Industry Publishing House，1987：147～160

[118] 孙培德. 煤层瓦斯流场流动规律的研究. 煤炭学报，1987，12(4)：74～82

[119] 段三明，聂百胜. 煤层瓦斯扩散-渗流规律的初步研究. 太原理工大学学报，1998，29(4)：14～18

[120] 吴世跃. 煤层瓦斯扩散渗流规律的初步探讨. 山西矿业学院学报，1994，(3)：259～263

[121] 吴世跃，郭勇义. 煤层气运移特征的研究. 煤炭学报，1999，24(1)：65～70

[122] 周世宁，林柏泉. 煤层瓦斯赋存与流动理论. 北京：煤炭工业出版社，1999

[123] Somerton W H. Effect of stress on permeability of coal. International Journal Rock Mechanics Mining Science& Geomechanics Abstraction，1975，12(2)：151～158

[124] Ettinger A L. Swelling stress in the gas-coal system as an energy source in the development of gas bursts. Soviet Mining Science，1979，15(5)：494～501

[125] Gwwuga J. Flow of gas through stressed carboniferous strata. University of Nottingham. Ph. D. thesis，1979

[126] Khdot V V. Role of methane in the stress state of a coal seam. Soviet Mining Science，1980，16(5)：460-466

[127] Harpalani S. Gas flow through stressed coal. University of California. Berkeley，1985

[128] Borisenko A A. Effect of gas pressure on stress in coal strata. Soviet Mining Science，1985，21(1)：88～92

[129] Harpalani S，Mopherson M J. The effect of gas evacation on coal permeability tests peciments. International Journal Rock Mechanics Mining Science & Geomechanics Abstraction，1975，12(2)：151～158

[130] Enever J R E，Henning A. The relationship between permeability and effective stress for Australian coal and its implication with respect to coalbed methane exploration and reservoir modeling. //Proceedings of the 1997 International Coalbed Methane Symposium. Tuscaloosa：The University of Alabama，1997：13～22

[131] 林柏泉，周世宁. 含瓦斯煤体变形规律的实验研究. 中国矿业学院学报，1986，15(3)：67～72

[132] 林柏泉，周世宁. 煤样瓦斯渗透率的实验研究. 中国矿业学院学报，1987，16(1)：21～28

[133] 姚宇平，周世宁. 含瓦斯煤的力学性质. 中国矿业学院学报，1988，17(2)：87～93

[134] 许江，鲜学福. 含瓦斯煤的力学特性的实验分析. 重庆大学学报，1993，16(5)：26～32

[135] 靳钟铭，赵阳升，贺军，等. 含瓦斯煤层力学特性的实验研究. 岩石力学与工程学报，1991，10(3)：271～280

[136] 段康廉，张文，胡耀青. 三维应力对煤体渗透性影响的研究. 煤炭学报，1993，18(4)：43～50

[137] 何学秋，周世宁. 煤和瓦斯突出机理的流变假说. 中国矿业大学学报，1990，19(2)：1～9

[138] 赵阳升，胡耀青. 孔隙瓦斯作用下煤体有效应力规律的实验研究. 岩土工程学报，1995，17(3)：26～31

[139] 赵阳升，胡耀青，魏锦平，等. 气体吸附作用对岩石渗流规律影响的实验研究. 岩石力学与工程学报，1999，18(6)：651～653

[140] 杨栋，赵阳升，胡耀青，等. 三维应力作用下单一裂缝中气体渗流规律的理论与实验研究. 岩石力学与工程学报，2005，24(6)：999～1003

[141] 孙培德. 变形过程中煤样渗透率变化规律的实验研究. 岩石力学与工程学报，2001，20(增)：1801～1804

[142] 孙培德，鲜学福，钱耀敏. 煤体有效应力规律的实验研究. 矿业安全与环保，1999，26(2)：16～18

[143] 尹光志,李铭辉,李文璞,等. 瓦斯压力对卸荷原煤力学及渗透特性的影响. 煤炭学报,2012,37(9): 1499～1504

[144] 曹树刚,郭平,李勇,等. 瓦斯压力对原煤渗透特性的影响. 煤炭学报,2010,35(4):595～599

[145] 张广洋,胡耀华,姜德义,等. 煤的渗透性实验研究,贵州工学院学报,1995,24(4):65～68

[146] 程瑞端,陈海焱,鲜学福,等. 温度对煤样渗透系数影响的实验研究. 煤炭工程师,1998,(1):13～17

[147] 郭立稳,俞启香,蒋承林,等. 煤与瓦斯突出过程中温度变化的实验研究. 岩石力学与工程学报,2000, 19(3):366～368

[148] 许江,张丹丹,彭守建,等. 三轴应力条件下温度对原煤渗流特性影响的实验研究. 岩石力学与工程学报,2011,30(9):1848～1853

[149] 杨新乐,张永利. 气固耦合作用下温度对煤瓦斯渗透率影响规律的实验研究. 地质力学学报,2008,14(4):374～379

[150] 谭学术,鲜学福,张广洋,等. 煤的渗透性研究. 西安矿业学院学报,1994,15(1):22～25

[151] 刘保县,鲜学福,王宏图,等. 交变电场对煤瓦斯渗流特性的影响实验. 重庆大学学报,2000,23(增): 41～43

[152] 刘保县,鲜学福,徐龙君,等. 地球物理场对煤吸附瓦斯特性的影响. 重庆大学学报,2000,23(5): 78～81

[153] 王宏图,杜云贵,鲜学福,等. 地电场对煤中瓦斯渗流特性的影响. 重庆大学学报,2000,23(增):22～24

[154] 刘保县,熊德国,鲜学福. 电场对煤瓦斯吸附渗流特性的影响. 重庆大学学报,2006,29(2):83～85

[155] 何学秋,刘明举. 含瓦斯煤岩破坏电磁动力学. 徐州:中国矿业大学出版社,1995

[156] 何学秋. 交变电磁场对煤吸附瓦斯的影响. 煤炭学报,1996,21(1):63～67

[157] 林海燕,袁修干,王恩元,等. 含瓦斯煤断裂电磁辐射的实验研究. 煤炭工程师,1998,(3):2～4

[158] 王恩元,何学秋,聂百胜,等. 电磁辐射法预测煤与瓦斯突出原理. 中国矿业大学学报,2000,29(3): 225～229

[159] 王恩元,张力,何学秋,等. 煤体瓦斯渗透性的电场响应研究. 中国矿业大学学报,2004,33(1):62～65

[160] 赵阳升. 煤体-瓦斯耦合数学模型及数值解法. 岩石力学与工程学报,1994,13(3):229～239

[161] Zhao Y S,Jin Z M,Sun J. Mathematical for coupled solid deformation and methane flow in coal seams. Applied Mathematics Modeling,1994,18(6):328～333

[162] 赵阳升. 矿山岩石流体力学. 北京:煤炭工业出版社,1994

[163] 赵阳升,段康廉,胡耀青,等. 块裂介质岩石流体力学研究新进展. 辽宁工程技术大学学报,1999,18(5):459～462

[164] 赵阳升,胡耀青,赵宝虎,等. 块裂介质岩体变形与气体渗流的耦合数学模型及其应用. 煤炭学报, 2003,28(1):41～45

[165] 章梦涛,潘一山,梁冰. 煤岩流体力学. 北京:科学出版社,1995

[166] 梁冰,章梦涛,王泳嘉. 煤和瓦斯突出的固流耦合失稳理论. 煤炭学报,1995,20(5):492～496

[167] 梁冰,章梦涛,王泳嘉. 煤层瓦斯渗流与煤体变形的耦合数学模型及数值解法. 岩石力学与工程学报, 1996,15(2):135～142

[168] 梁冰,章梦涛. 从煤和瓦斯的耦合作用及煤的失稳破坏看突出的机理. 中国安全科学学报,1997,7(1): 6～9

[169] 丁继辉,麻玉鹏,赵国景,等. 有限变形下的煤与瓦斯突出的固流两相介质耦合失稳理论. 河北农业大学学报,1998,21(1):74～81

[170] 丁继辉,麻玉鹏,赵国景,等. 煤与瓦斯突出的固流两相介质耦合失稳理论及数值分析. 工程力学,

1999,16(4):47~53

[171] 李树刚.综放开采围岩活动及瓦斯运移.徐州:中国矿业大学出版社,2000

[172] 李树刚,林海飞,成连华.综放开采支承压力与卸压瓦斯运移关系研究.岩石力学与工程学报,2004,23(19):3288~3291

[173] 林海飞,李树刚,成连华.矿山压力变化的采场瓦斯涌出特征及其管理.西安科技学院学报,2004,24(1):15~18

[174] 李树刚,徐精彩.软煤样渗透特性的电液伺服试验研究.岩土工程学报,2001,23(1):68~70

[175] 李树刚,钱鸣高,石平五.煤样全应力应变中的渗透系数-应变方程.煤田地质与勘探,2001,29(1):22~24

[176] 杨天鸿,唐春安,朱万成,等.岩石破裂过程渗流与应力耦合分析.岩土工程学报,2001,23(4):489~493

[177] Tang C A, Tham L G, Lee P K K, et al. Coupled analysis of flow stress and damage(FSD)in rock failure. International Journal of Rock Mechanics & Mining Science,2002,39(4):477~489

[178] 徐涛,杨天鸿,唐春安,等.含瓦斯煤岩破裂过程固气耦合数值模拟.东北大学学报,2005,26(3):293~296

[179] 曹树刚,鲜学福.煤岩固-气耦合的流变力学分析.中国矿业大学学报,2001,30(4):362~365

[180] 梁冰,刘建军,王锦山.非等温情况下煤和瓦斯固流耦合作用的研究.辽宁工程技术大学学报,1999,18(5):483~486

[181] 梁冰,刘建军,范厚彬,等.非等温情况下煤层中瓦斯流动的数学模型及数值解法.岩石力学与工程学报,2000,19(1):1~5

[182] 王宏图,杜云贵,鲜学福,等.受地应力、地温和地电效应影响的煤层瓦斯渗流方程.重庆大学学报,2000,23(增):47~50

[183] 刘保县,鲜学福,王宏图,等.交变电场对煤瓦斯渗流特性的影响实验.重庆大学学报,2000,23(增):41~43

[184] 王宏图,杜云贵,鲜学福,等.地电场对煤中瓦斯渗流特性的影响.重庆大学学报,2000,23(增):22~24

[185] 胡国忠,许家林,王宏图,等.低渗透煤与瓦斯的固-气动态耦合模型及数值模拟.中国矿业大学学报,2011,40(1):1~6

[186] 许江,李波波,周婷,等.加卸载条件下煤岩变形特性与渗透特征的试验研究.煤炭学报,2012,37(9):1493~1498

[187] 赵阳升,胡耀青,杨栋,等.气液二相流体裂缝渗流规律的模拟实验研究.岩石力学与工程学报,1999,18(3):354~356

[188] 孙可明,梁冰,王锦山.煤层气开采中两相流阶段的流固耦合渗流.辽宁工程技术大学学报,2001,20(1):36~39

[189] 孙可明,梁冰,朱月明.考虑解吸扩散过程的煤层气流固耦合渗流研究.辽宁工程技术大学学报,2001,20(4):548~549

[190] 刘建军.煤层气热-流-固耦合渗流的数学模型.武汉工业学院学报,2002,(2):91~94

[191] 林良俊,马凤山.煤层气产出过程中气—水两相流与煤岩变形耦合数学模型研究.水文地质工程地质,2001,(1):1~3

[192] 王锦山,尹伯悦,谢飞鸿.水—气两相流在煤层中运移规律.黑龙江科技学院学报,2005,15(1):16~19

[193] 刘晓丽,梁冰,王思敬,等.水气二相渗流与双重介质变形的流固耦合数学模型.水利学报,2005,36(4):405~412

[194] 蒋曙光,张人伟. 综放采场流场数学模型及数值计算. 煤炭学报,1998,23(3):258~261

[195] 丁广骧,柏发松. 采空区混合气运动基本方程及有限元解法. 中国矿业大学学报,1996,25(3):21~26

[196] 丁广骧. 矿井大气与瓦斯三维流动. 徐州:中国矿业大学出版社,1996

[197] 梁栋,黄元平. 采动空间瓦斯运动的双重介质模型. 阜新矿业学院学报,1995,14(2):4~7

[198] 吴强,梁栋. CFD技术在通风工程中的运用. 徐州:中国矿业大学出版社,2001

[199] 李宗翔,孙广义,王继波. 回采采空区非均质渗流场风流移动规律的数值模拟. 岩石力学与工程学报,2001,20(增2):1578~1581

[200] 李宗翔. 综放工作面采空区瓦斯涌出规律的数值模拟研究. 煤炭学报,2002,(2):173~178

[201] 李宗翔,纪书丽,题正义. 采空区瓦斯与大气两相混溶扩散模型及其求解. 岩石力学与工程学报,2005,24(16):2971~2976

[202] 刘卫群. 破碎岩体渗流理论及其应用研究. 徐州:中国矿业大学,2002

[203] 缪协兴,刘卫群,陈占清. 采动岩体渗流理论. 北京:科学出版社,2004

[204] 胡千庭,梁运培,刘见中. 采空区瓦斯流动规律的CFD模拟. 煤炭学报,2007,32(7):719~723

[205] 兰泽全,张国枢. 多源多汇采空区瓦斯浓度场数值模拟. 煤炭学报,2007,32(4):396~401

[206] 杨天鸿,陈仕阔,朱万成,等. 采空垮落区瓦斯非线性渗流扩散模型及其求解. 煤炭学报,2009,34(6):771~777

[207] 金龙哲,姚伟,张君. 采空区瓦斯渗流规律的CFD模拟. 煤炭学报,2010,35(9):1476~1480

[208] Moloney K W,Hargreaves D M,Lowndes I S. Assessment concerning the accuracy of computational fluid dynamics (CFD) simulations in underground auxiliary ventilated headings//Proceedings of 27th APCOM,London:Institution of Mining and Metallurgy,1998:721~732

[209] Ren T X,Edwards J S. Application of CFD techniques to methane prediction and control in coal mines//Proceedings of 27th APCOM,London:Institution of Mining and Metallurgy, 1998,733~744

[210] Karacan C Ö, Esterhuizen G S, Schatzel S J,et al. Reservoir simulation-based modeling for characterizing longwall methane emissions and gob gas venthole reduction. International Journal of Coal Geology, 2007,71(2-3):225~245

[211] Karacan C Ö,Gerrit G. Hydraulic conductivity changes and influencing factors in longwall Overburden determined by slug tests in gob gas vent holes. International Journal of Rock Mechanics &. Mining Sciences,2009,46(7):1162~1174

[212] 许家林,钱鸣高. 地面钻井抽放上覆远距离卸压煤层气试验研究. 中国矿业大学学报,2000,29(1):78~81

[213] 钱鸣高,缪协兴,许家林,等. 岩层控制的关键层理论. 徐州:中国矿业大学出版社,2000

[214] 屈庆栋,许家林,钱鸣高. 关键层运动对邻近层瓦斯涌出影响的研究. 2007,26(7):1478~1484

[215] 刘泽功. 开采煤层顶板抽放瓦斯流场分析. 矿业安全与环保,2000,27(3):4~6

[216] 刘泽功,袁亮,戴广龙,等. 开采煤层顶板"环形裂隙圈内走向长钻孔"抽放瓦斯研究. 中国工程科学,2004,6(5):32~38

[217] 刘泽功. 卸压瓦斯储集与采场围岩裂隙演化关系研究. 合肥:中国科技大学,2004

[218] 郭玉森,林柏泉,吴传始. 围岩裂隙演化与采动卸压瓦斯储运的耦合关系. 采矿与安全工程学报,2007,24(4):414~417

[219] 李树刚,林海飞,成连华. 采动裂隙椭抛带卸压瓦斯抽取方法. 煤炭科学技术,2004,32(增):54~57

[220] Jozefowicz R R. The post failure stress permeability behavior of coal measure rocks. Nottingham:University of Nottingham,1997

[221] Whittles D N, Kingman S W. Influence of geotechnical factors on gas flow experienced in a UK longwall coal mine panel. International Journal of Rock Mechanics & Mining Science, 2006, 43:369~387

[222] 梁冰, 章梦涛. 可压缩瓦斯气体在煤层中渗流规律的数值模拟∥魏群. 中国北方岩石力学与工程应用学术会议论文集. 北京: 科学出版社, 1991

[223] 孙培德, 鲜学福. 煤层气越流的固气耦合理论及其应用. 煤炭学报, 1999, 24(1):60~64

[224] 孙培德, 万华根. 煤层气越流固-气耦合模型及可视化模拟研究. 岩石力学与工程学报, 2004, 23(7): 1179~1185

[225] 梁运培. 邻近层卸压瓦斯越流规律的研究. 矿业安全与环保, 2000, 27(2):32~35

[226] 梁运培. 岩石水平长钻孔抽放邻近层瓦斯的研究. 煤矿技术, 2001, 20(5):62~64

[227] 程远平, 俞启香, 袁亮. 上覆远程卸压岩体移动特性与瓦斯抽采技术. 辽宁工程技术大学学报, 2003, 22(4):483~486

[228] 国家发展和改革委员会. 煤层气(煤矿瓦斯)开发利用"十二五"规划. http://www.sdpc.gov.cn/zcfb/zcfbtz/2011tz/t20111231_454225.htm

[229] Gan H, Nandi S P, Walker P L. Nature of porosity in American coals . Fuel, 1972, 51(4):272~277

[230] 郝琦. 煤的显微孔隙形态特征及其成因探讨. 煤炭学报, 1987, 12(4):51~57

[231] 张慧. 煤孔隙的成因类型及其研究. 煤炭学报, 2001, 26(1):40~44

[232] 戚灵灵, 王兆丰, 杨宏民, 等. 基于低温氮吸附法和压汞法的煤样孔隙研究. 煤炭科学技术, 2012, 40(8):36~39,87

[233] 张占存, 马丕梁. 水分对不同煤种瓦斯吸附特性影响的实验研究. 煤炭学报, 2008, 33(2):144~147

[234] 张天军, 许鸿杰, 李树刚, 等. 粒径大小对煤吸附甲烷的影响. 湖南科技大学学报, 2009, 24(1):9~13

[235] 张天军, 许鸿杰, 李树刚, 等. 温度对煤吸附性能的影响. 煤炭学报, 2009, 34(6):802~805

[236] 杨永杰, 宋扬, 陈绍杰. 煤岩全应力应变过程渗透性特征试验研究. 岩土力学, 2007, 28(2):381~385

[237] 赵连涛, 于旭磊, 刘启蒙, 等. 煤层底板岩石全应力-应变渗透性试验. 煤田地质与勘探, 2006, 24(12): 37~40

[238] Scott A R , Tyler R. Geologic and hydrologic controls critical to coalbed methane production and resource assessment, the textbook of the short course for the 1999 international CBM symposium. Tuscaloosa: University of Alabama, 1999

[239] 秦勇, 叶建平, 林大扬, 等. 煤储层厚度与其渗透性及含气性关系初步探讨. 煤田地质与勘探, 2000, 28(1):24~27

[240] 林韵梅. 实验岩石力学. 北京: 煤炭工业出版社, 1984

[241] 李鸿昌. 矿山压力的相似模拟实验. 徐州: 中国矿业大学出版社, 1988

[242] 刘波, 韩彦辉(美国). FLAC原理、实例与应用指南. 北京: 人民交通出版社, 2005

[243] 寇晓东, 周维垣, 杨若琼. FLAC3D进行三峡船闸高边坡稳定分析. 岩石力学与工程学报, 2001, 20(1): 6~10

[244] 胡斌, 张倬元, 黄润秋. FLAC3D前处理程序的开发及仿真效果检验. 岩石力学与工程学报, 2002, 21(9):1387~1391

[245] 尹尚先, 王尚旭. 陷落柱影响采场围岩破坏和底板突水的数值模拟分析. 煤炭学报, 2003, 28(3): 26~34

[246] 黄志安, 童海方, 张英华, 等. 采空区上覆岩层"三带"的界定准则和仿真确定. 北京科技大学学报, 2006, 28(7):609~612

[247] 彭永伟, 齐庆新, 李宏艳, 等. 高强度地下开采对岩体断裂带高度影响因素的数值模拟分析. 煤炭学报,

2009,34(2):145～149

[248] 弓培林. 大采高采场围岩控制理论及应用研究. 北京:煤炭工业出版社,2006

[249] 尹增德. 采动覆岩破坏特征及发育规律数值模拟研究. 济南:山东科技大学,2007

[250] 姜福兴. 薄板力学解在坚硬顶板采场的应用范围. 西安矿业学院学报,1991,11(2):12～19

[251] 徐芝纶. 弹性力学. 北京:高等教育出版社,1994

[252] 赵德深. 煤矿区采动覆岩离层分布规律与地表沉陷控制研究. 阜新:辽宁工程技术大学,2000

[253] J·贝尔. 多孔介质流体动力学. 李竞生,陈崇希译. 北京:中国建筑工业出版社,1983

[254] 周西华. 双高矿井采场自燃与爆炸特性及防治技术研究. 阜新:辽宁工程技术大学,2006

[255] 杨兰和. 煤炭地下气化渗流燃烧方法研究. 徐州:中国矿业大学出版社,2001

[256] Ergun S. Fluid flow through packed columns. Chemical Engineering Progress,1952,48(2):89～94

[257] 姚征,陈康民. CFD 通用软件综述. 上海理工大学学报,2002,24(20):137～144

[258] 王福军. 计算流体动力学分析——CFD 软件原理与应用. 北京:清华大学出版社,2004

[259] 赵玉新. FLUENT 中文全教程. 长沙:国防科技大学出版社,2003

[260] 于勇,张俊明,姜连田. Fluent 入门与进阶教程. 北京:北京理工大学出版社,2008

[261] Patankar S V,Spalding D B. A calculation procedure for heat,mass and momentum transfer in three～dimensional parabolic flows. International Journal of Heat and Mass Transfer, 1972, 15 (10):1787～1806

[262] Li S G,Zhang W,Lin H F. Numerical simulation on the delivery law of gob gas of fully mechanized caving face. Journal of Coal Science & Engineering(China),2008,14(3):403～406

[263] 游浩,李宝玉,张福喜. 阳泉矿区综放面瓦斯综合治理技术. 北京:煤炭工业出版社,2008

[264] 戴广龙,储方健. 综采放顶煤工作面瓦斯涌出规律的分析. 煤矿安全,2005,36(8):55～57

[265] 杨胜强,秦毅,孙家伟,等. 高瓦斯易自燃煤层瓦斯与自燃复合致灾机理研究. 煤炭学报,2014,39(6):1094～1101